零距离自学教程

建筑设计手绘技法

赵杰 著

華中科技大學出版社
http://www.hustp.com
中国·武汉

关于手绘

随着科技的飞速发展，电脑绘制在设计表现方面一度是一枝独秀，手绘则被大多数设计师遗忘。近年来，手绘作为设计师进行空间创意最简便的方式又逐渐被大家所重视，但大家要认清手绘与设计的关系，不要为了盲目追求表达而忽略了重要的部分一设计。手绘便是为设计服务的。

手绘与电脑绘制同为设计的表现方式。电脑绘制更容易通过短期培训快速掌握，很多非专业人员通过短期的培训也可以进入设计公司工作，但在方案构思与创作过程中，用手绘的方式进行推敲表达会使设计更为深入、生动、便捷。电脑效果图是设计效果的一种呈现形式，电脑渲染的精美效果往往与最终设计完成的实际效果有较大的出入，容易引起客户的不满。设计师与客户现场沟通设计想法时，只用语言交流，客户很难理解，因为客户的空间思维相对较弱，而手绘快速表现图则能非常有效地表现出设计师的设计想法。由此可见，手绘是一种非常重要的设计与沟通的工具。

近几年手绘悄然复苏的原因有很多：一是设计前辈对手绘的重视与呼唤；二是国外优秀设计企业进入中国，他们对原创设计语言非常重视，要求新加入的成员具备手绘方面的技能；三是近些年设计手绘表现大赛的举办与推广。我们可以想象一下，在没有电脑的时代，地球上就已经出现了埃及金字塔、希腊帕提农神庙及中国故宫等伟大的设计作品。从丹麦的著名设计师约翰·伍重到中国的梁思成、齐康、彭一刚，他们无一不具备精湛的手绘技艺。希望大家重视这项设计师最基本的专业技能，使我们笔下的设计作品更具创意，也更实用。

赵杰

2010 年 9 月 17 日晚 于北京

赵杰 Jason

山东邹平人，现居北京

室内建筑师、文旅规划师、手绘艺术家

中国建筑学会室内设计分会（CIID）会员

中国手绘国际行业协会（CFIA）北京分会会长

国际室内装饰设计协会（IFDA）会员

北京杰初建筑设计事务所有限公司（创办人 / 总设计师）

EMAD（北京）手绘培训机构（创办人）

2019 CIID 第十六届中国手绘艺术设计大赛（评委会组长）

2016、2017、2020 CIID 中国手绘艺术设计大赛（评委会委员）

ABOUT THE AUTHOR

曾供职于：

金地集团 新家设计研发中心 | 部门总监

万达集团 文旅规划设计院 | 设计总监

北京居其美业室内设计有限公司 | 主创设计师

美国佛莱明景观（上海）公司 | 设计师

大赛获奖：

2017 年万达“庆祝十九大，祝福献给党”书画大赛二等奖

2015 年绿地集团海南极致庭院设计一等奖

2014 年第十一届中国手绘艺术设计大赛一等奖

2013 年第十届中国手绘艺术设计大赛三等奖

2012 年第九届中国手绘艺术设计大赛二等奖

2011 年第八届中国手绘艺术设计大赛二等奖

2011 年第五届全国钢笔画展优秀奖

2010 年第七届中国手绘艺术设计大赛三等奖

2008 年“总统家”杯中国建筑手绘艺术设计大赛三等奖

赵杰微信

赵杰微博

微信公众平台

抖音号：zhaojie365

出版与发表：

《室内设计手绘效果图表现（第 5 版）》（累计印刷 17 次）

《建筑设计手绘效果图表现》（累计印刷 2 次）

作品曾发表于《中国手绘》《室内陈设马克笔手绘表现》《建筑与文化》、美国《新华报》等多种书籍、报刊

展览与讲座：

2019 年 CIID 海口设计节作品展

2014 年 798“线拾迷城”硬笔画联展

2013 年山东工艺美术学院作品展

2013 年北京建筑大学建筑与城市规划学院作品展

2012 年北京交通大学建筑与艺术学院设计手绘讲座、展览

送给学习手绘的你

掌握好手绘的方法

想要掌握好设计手绘表达，需要做到以下几点。

1. **不同线条的练习：**主要包括直线（横直线、竖直线、斜直线）、曲线（横曲线、竖曲线、斜曲线）、弧线、椭圆、正圆、不规则线、长线、短线、快线、慢线、自然线的练习，还有不同线条的疏密、组合训练。

2. **透视的严格训练：**主要包括一点透视、两点透视、三点透视。表现手绘效果图时通常会用到一点透视和两点透视，表现建筑设计手绘效果图时两点透视应用得最为广泛，一般画景观、规划的鸟瞰图或者轴测图时会用到三点透视，表现建筑物高大、耸立的感觉时也会用到三点透视。

3. **手绘学习思路：**a. 线条一透视一几何体块一建筑配景一单体建筑一多体组合建筑；b. 临摹作品一画照片一创作；c. 草图一平面图一立面图一透视图。

4. **临摹优秀的手绘作品:** 主要练习尺规画法与徒手画法、详细画法与概括画法、国内与国外相结合的画法。在临摹过程中要掌握各种线条、透视、阴影、材料肌理的表现方法与技巧。

5 **画实景照片：**在掌握好前四点并打下了一定的造型基础后，即可开始画实景照片。初学者可以先用铅笔画底稿，这样可以减少误差，增强画图者的信心，然后慢慢地减少铅笔稿，直到不用画铅笔稿直接徒手绘制效果图。

6 **写生：**不仅能提高造型能力，而且能将好的设计元素记录下来并运用到设计中，也能潜移默化地提高观察能力和审美素养。

7 **设计草图：**主要用于方案构思，在建筑设计领域主要包括平面图、立面图、透视图的构思，以及结构、灯光、材料、工艺的构思。多画设计草图有助于加强设计师对空间的理解与感悟，并直接表达设计师的创意思路，还能有效地提高设计师的手绘表达能力。

8 **作品创作的经验总结：**设计完成一套作品后要进行经验总结，取长补短。

9 **手绘工具：**手绘工具的选择会影响设计师对作品的表现。《论语》有言："工欲善其事，必先利其器。"对物体特殊材质的表达尤为重要。笔头的宽窄、柔和度及颜色的构成都会影响画面的质量。

10 **空间感知：**设计师要想具备精湛的手绘技术，首先要热爱自己的职业，其次要熟悉材料的特点，最后要对空间结构有良好的认识和理解。

11 **表现欲望：**设计本身就是一种创造，设计师要培养活跃的思维和创意激情，以及对新事物敏锐的洞察力。

12 **学习态度：**聪明、设计感好固然是一种优势，然而正确的学习态度更为重要，只有认真、刻苦、思考、理解、消化、举一反三，才能打下扎实的基础，取得较大的进步。

13 **心态：**学习手绘不能急于求成，技巧的培养需要不断地学习、思考、总结，有了积累才能水到渠成。

以上仅为个人观点，不足之处还请批评指正。

赵杰 于 EMAD（北京）

目 录

1 手绘基础知识

2 材料材质表现技法与运用

3 建筑配景手绘技法

4 马克笔手绘效果图表现步骤

5 色彩基础与色彩搭配技法

6 建筑摄影图片写生画法

7 手绘创作草图思维训练

8 设计案例

9 现代建筑手绘表现

10 差旅笔记：国内外建筑写生

后记

1

手绘基础知识

掌握基础知识是成功的根基和必经之路

HAND DRAW FOUNDATION

工欲善其事，必先利其器。手绘工具的选择会影响设计师对作品的表现。笔头的宽窄、柔和度及颜色的色彩倾向、饱和度都会影响画面的质量。

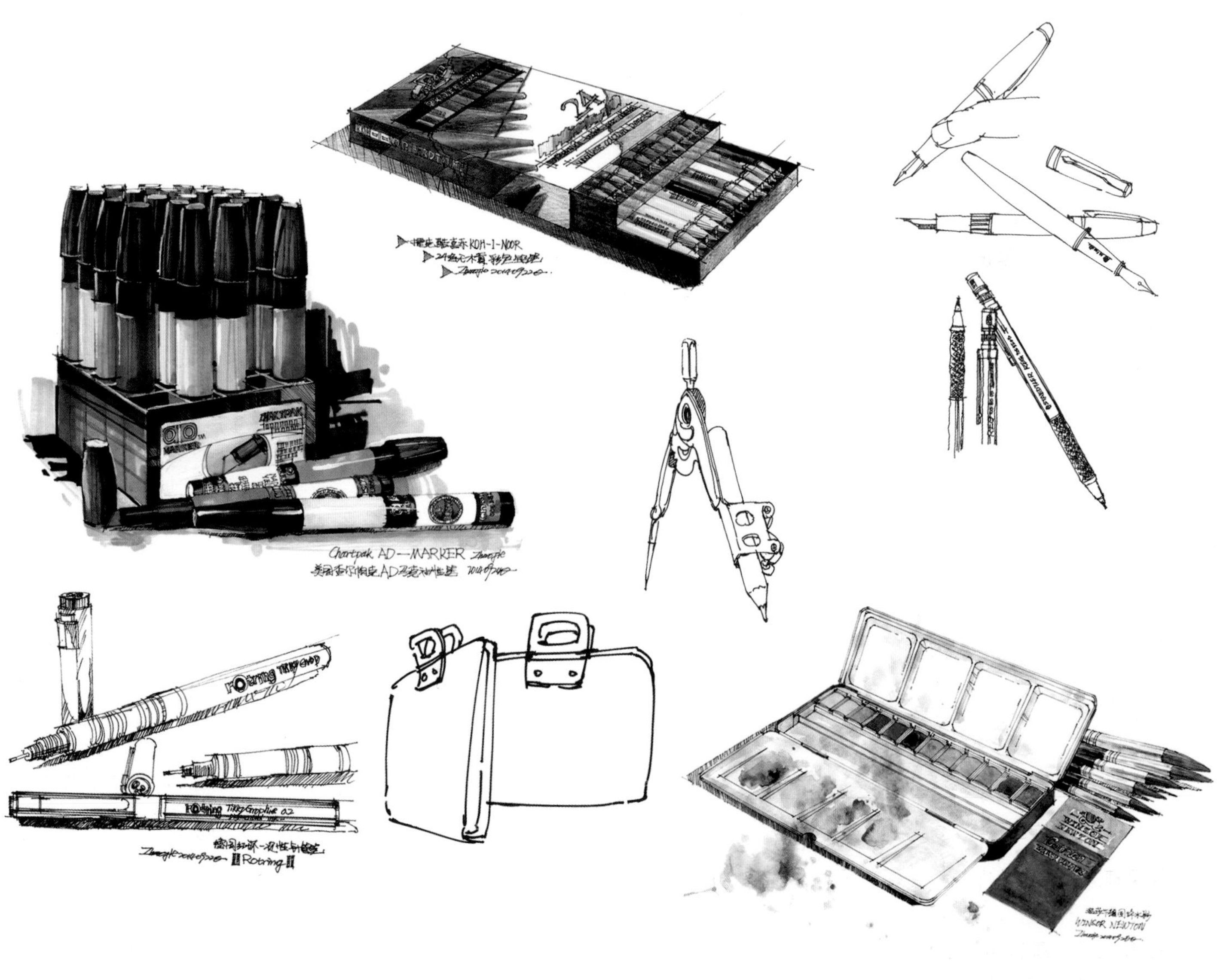

1.1 手绘工具介绍

画笔类

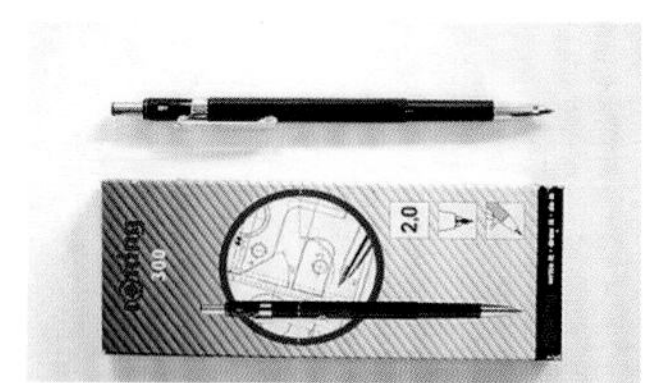

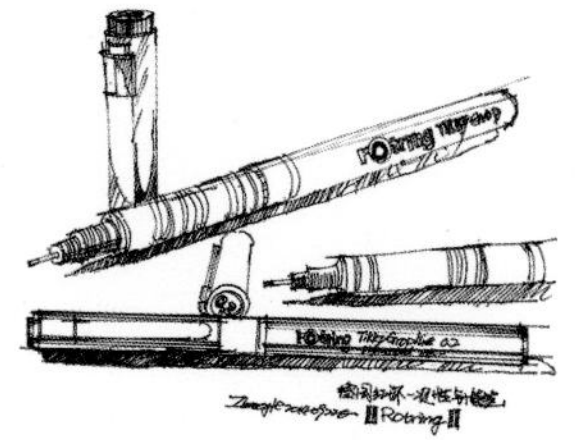

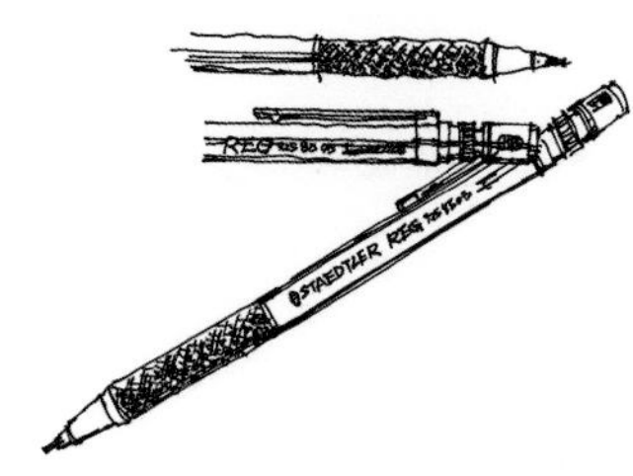

草图笔

草图笔，顾名思义就是设计师勾勒设计方案草图专用的笔，草图笔的特点是运笔流畅，画图后笔迹干得快，深受设计师青睐。

针管笔

针管笔用来画细致些的效果图，常用的有三种型号：0.1mm 、0.2mm、0.5mm。0.1mm、0.2mm 的用来勾线，0.5mm 的用来勾阴影外边。最好使用一次性的针管笔。

自动铅笔

自动铅笔绘的图容易修改，主要是在绘制细致设计图打底稿时使用，是手绘初学者必用的工具。

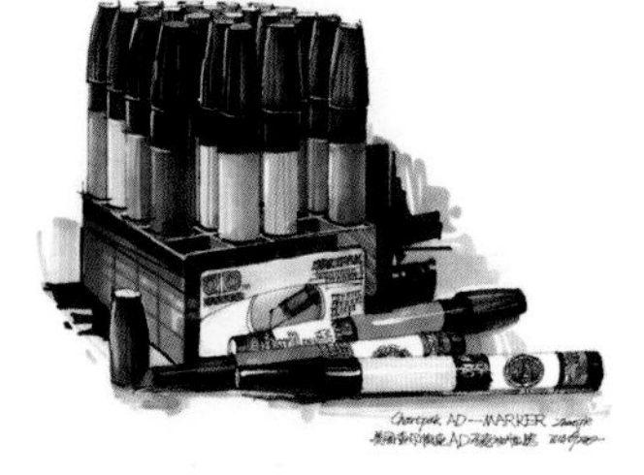

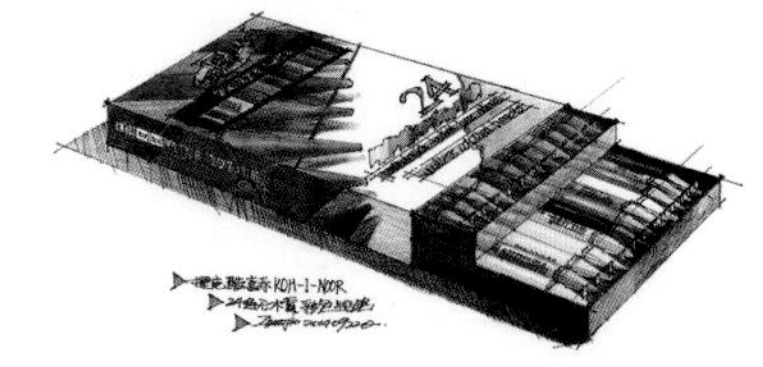

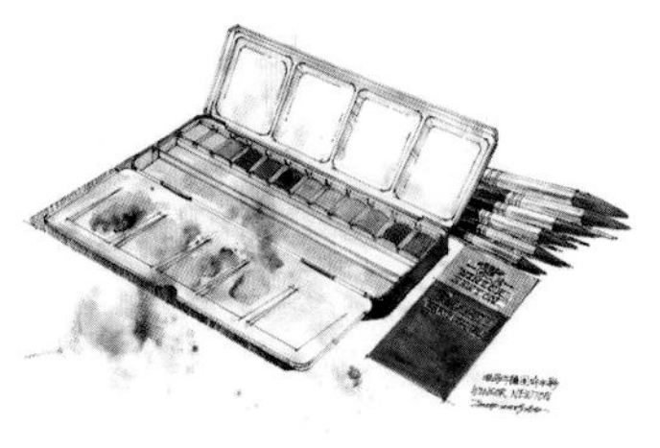

马克笔

马克笔又称麦克笔，分水性和油性，品牌有日本美辉（MARVY）、韩国 TOUCH、美国三福（SANFORD）、美国 AD 等，是现今设计师手绘着色最常用的工具。马克笔的特点是携带方便、色彩丰富、着色快速、笔触潇洒大气。

彩色铅笔

彩色铅笔简称彩铅，最常用的是德国辉柏嘉水溶性彩铅，这种彩铅可以反复叠加而不使画面发腻，适合深入表现家具、石材、光影的质感，是比较容易掌握的一种着色工具，而且使用时间较长。要注意的是绘图、削铅笔时不要用力过大，因为彩铅笔芯的密度较小，容易折断。

水彩笔

羊尾毛、兔毛画笔蘸色会比较饱满，颜色比较厚重；尼龙画笔笔毛比较硬，虽然吸水性没有羊毛的好，但是画出的线条比较硬朗。尼龙画笔在用完以后要甩干水分，不然放在颜料盒里容易变形。还有的人直接用毛笔画图。设计师应根据自己画图的习惯来选择合适的画笔。

钢笔

钢笔在画速写时较常用到，其线条粗犷，画面明暗对比强烈。尤其用美工钢笔来画速写，线条粗细变化丰富，大胆流畅。我个人比较倾向于用钢笔画速写，也可用其勾画草图，快速地表现明暗体块关系。

中性笔

中性笔是较为常见的绘画工具，相对便宜，使用率很高，但使用时间久了就会出现出水不流畅、刮纸、弄脏纸面等问题。但就练习线条来说，它还是不错的。

❯ 画纸类

复印纸

复印纸包括显酸性纸和中性纸，通常分为 70 克、80 克、90 克、100 克四个常见级别，绘图时宜选择质地厚的复印纸。复印纸使用广泛，价格低廉，但易破损，不宜长时间保存，适合初学者在手绘学习初期练习时使用。

水彩纸

水彩纸质地较厚，纹理鲜明，一般呈颗粒状或条纹状，适合水彩渲染效果图。水彩纸吸水性较好，进行水彩渲染能体现独特效果，爱好用水彩表现的设计师建议选购，当然也有设计师选择使用国外品牌的专业水彩纸，初学手绘时，选用一般的水彩纸就可以了。

牛皮纸

牛皮纸一般为棕色，质地厚实，易保存。牛皮纸上绘制的图画古朴而且富有亲和力，好的设计与表现图在牛皮纸上绘制后既是设计作品，也可做成艺术品，装裱后挂在墙上，营造设计氛围。

速写纸

常见的速写纸是速写本用纸，质地较厚，其规格约为 150 克，因此在设计绘图时用笔流畅，常见 A4、A3 大小的，外出画速写时常用，携带方便。

草图纸

草图纸是设计师最常用的画纸，质地轻而透明，常见的有白色和淡黄色两种，成卷装，使用方便，而且使用时间较长。适合在做设计方案时画创意草图，深受设计师的青睐。

硫酸纸

硫酸纸较草图纸更为透明、厚重，纸面较滑。由于用普通笔在上面绘图易断墨，而且笔迹在纸面上不易快干，容易把画面弄脏，因此在硫酸纸上绘图常用针管笔。

新闻纸

新闻纸常用来画速写或绘制概念草图，纸面呈棕黄色，绘制的画面有特殊的效果，可根据设计师的喜好来选择使用，新闻纸价格较为低廉。

素描纸

素描纸与速写纸类似，质地也比较厚重，适合绘制比较深入细致的效果图，而且用马克笔、彩铅反复着色不易弄破纸张，表现的色彩比较真实。

尺规类

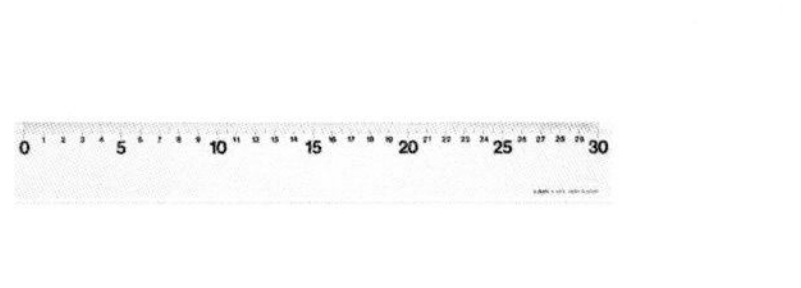

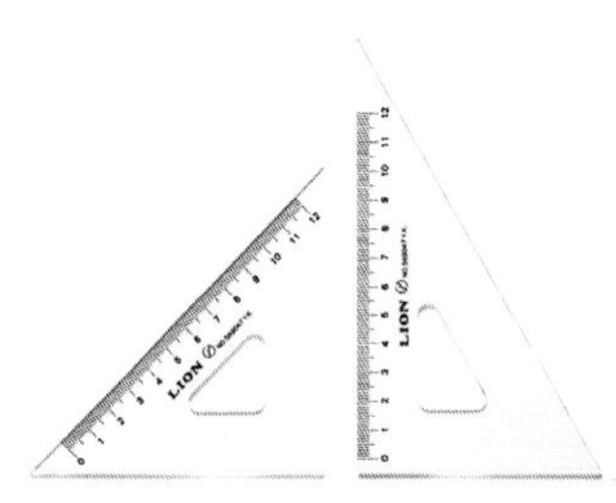

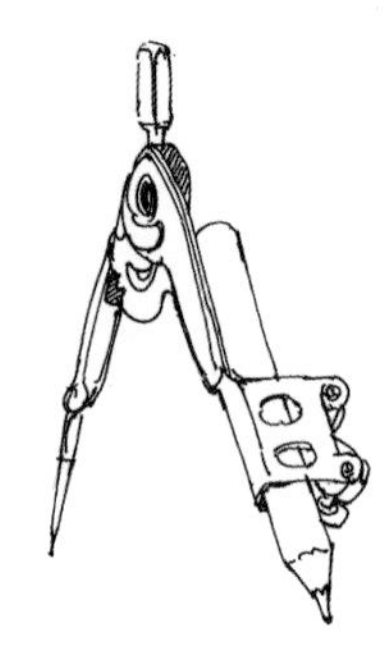

直尺

直尺是设计师最常用的尺规类工具，一般长 30~50cm。

三角板

三角板是设计绘图常用工具，其有标准的 30°、45°、60° 和 90° 角，能绘制平行线、垂直线及各类角度线。三角板使用方便，常与专业绘图板配合使用。

圆规

据记载，雅典的代达罗斯（一位伟大的艺术家、建筑师和雕刻家）发明了圆规。圆规在设计和绘制详图时使用较多，解决了人们精确画圆的难题。

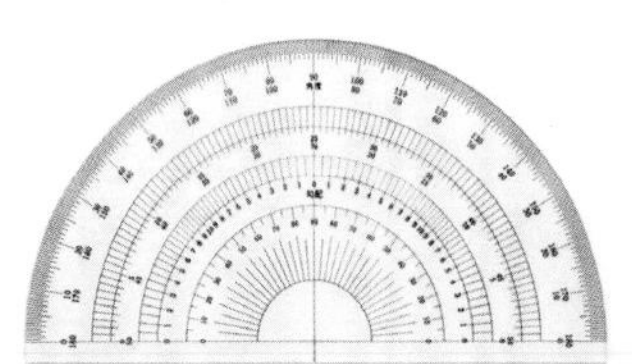

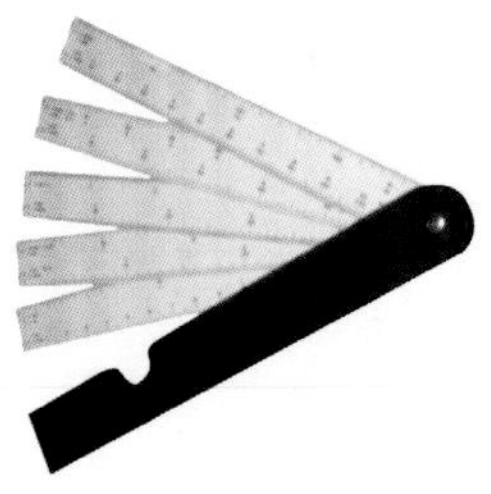

曲线板

曲线板是设计师在绘制带有曲线、弧线的平面图和立面图时使用的工具，曲线板模具的样式较多，可根据需要进行选择。

量角器

量角器能够精确度量各种角度，在度量角度方面比三角板使用更为广泛，也是设计师常用的绘图工具之一。

比例尺

比例尺是设计师做设计的必备工具，比例尺能够帮助设计师精确推敲平面图、立面图的比例关系，深受设计师喜爱。

箱包类

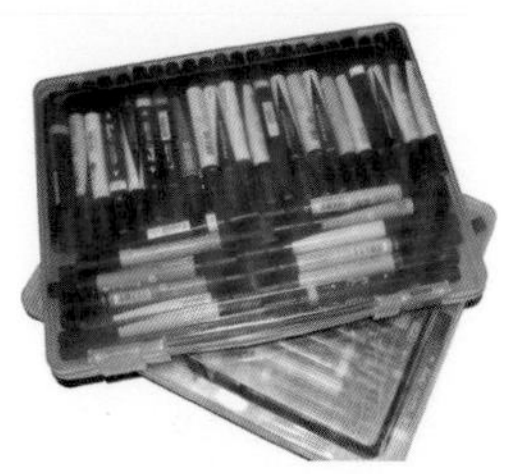

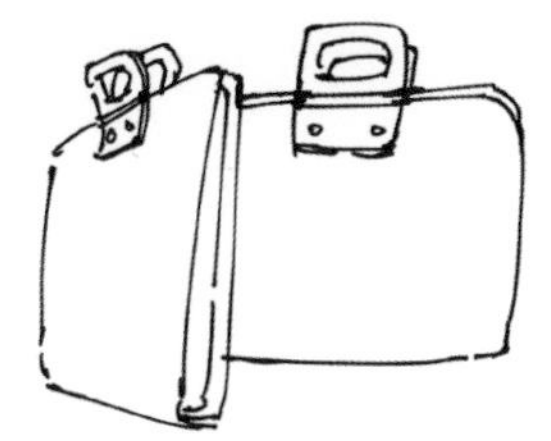

工具箱

工具箱的样式较多，上图中的工具箱主要用来装马克笔，两层工具箱大约能装 65 支马克笔。此工具箱颜色很多、透明度较高，便于设计师着色时寻找笔的型号与颜色，而且在外出写生创作时携带很方便。

图纸包

图纸包常见的有 A3、A2 规格，设计师学习手绘一般常用 A3 图纸包，里面可以放 A3、A4 的图纸，也可以放马克笔、笔袋等设计工具，上图所示的图纸包为手提型，便于设计师出差或写生时携带图纸，方便、实用。

图纸夹

常见的图纸夹有 A4、A3 规格，适合放置手绘效果图。使用图纸夹能让学习手绘的设计师养成良好的习惯，在翻看时不会把图纸弄脏、弄皱，图纸也会保存很久。扫描后的这些图纸比较容易处理成图片，因此，图纸夹是学习手绘的必备工具。

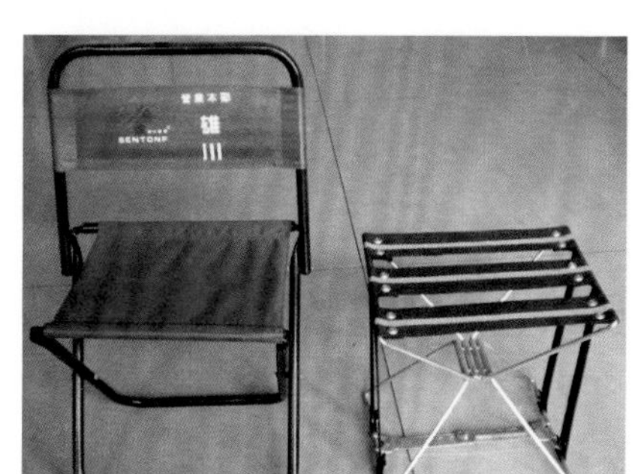

笔袋

笔袋可以放置钢笔、草图笔、针管笔、铅笔、橡皮、刻刀、扇形比例尺等，同样是设计师的必备工具。

写生椅

写生椅使用率不高，只有外出写生创作时才能派上用场，写生椅多为折叠、轻便型，携带方便，是爱好写生创作的设计师的必备用品。

1.2 工作环境

建筑师，是指受过专业教育或训练，以建筑设计为主要职业的人。对于建筑师来说，办公桌面环境的重要性远超其他行业，一个舒适的设计环境有助于深入思考、激发更多的创作灵感，可以说建筑师大部分的时间都在办公桌前度过，很多重要的设计与交流也在办公桌上进行，因此，好的桌面环境对建筑师很重要。

建筑师工作环境的基本要求是空气流通，采光好，视野好，空间具有设计感，不必豪华但细节要到位，最好有一整面墙的书柜、一整面墙乱中有序的草图。

理想中的工作环境

- 有一把舒服的椅子（避免长时间工作疲劳）
- 有一张大桌子（供设计、讨论问题时使用）
- 有一张专业绘图桌（设计图纸、手绘草图）
- 有一台配置高级的电脑（保证工作效率）
- 有一盏造型时尚、独特的台灯或落地灯（护目）
- 有一些做模型的工具（研究空间、结构、细节）

有良好的网络（便于查找资料，和同事沟通）

有一个放置私人物品的柜子（放置衣服、包等）

有完备的公共设备（一体机、冰箱、咖啡机等）

有沙发床（便于休息）

一定要请厨师，有自己的餐厅

如果有能洗澡的独立卫生间就更完美了

首先，努力工作，提高工作效率；好好学习，拥有更多的专业知识；利用业余时间参加培训，掌握更多专业技能；

然后，高位、高薪、舒适生活；

最后，实现价值与理想。

1.3 手绘的表现形式与表现技法

手绘的表现形式

1. 概念草图

概念草图，顾名思义就是一种草稿。其线稿的特点是快速、概括、大气，其彩稿也是用大笔触处理大的色块及体量关系。概念草图是设计师对空间、结构、造型的最初感知和想法，以及对思维结果的概括，它存在一些不确定的因素，因此不是设计师最终的设计想法。概念草图能直观地让客户了解设计师的设计思路与想法，是设计师与客户沟通的一种重要手段。

概念草图——线稿
工具：速写纸、草图笔

概念草图—— 彩稿

工具：速写纸、草图笔、马克笔

概念草图——彩稿

工具：复印纸、草图笔、马克笔

2. 方案表现图

绘制方案表现图是设计师对概念草图进行推敲、深化的一个过程，多在设计任务和目的基本确定，且空间关系的形体、比例、基调、格局也基本确定后绘制。这个阶段的图纸往往用于与客户洽谈和向客户汇报。

方案表现图——线稿（丹麦埃尔西诺 elsinore 文化中心）
工具：速写本、会议笔

方案表现图——彩稿（丹麦埃尔西诺 elsinore 文化中心）
工具：速写本、会议笔、马克笔、油漆笔

3. 尺规表现图

尺规表现图是对方案表现图的进一步细化，是设计师对建筑造型风格、材料细节、内部结构形式等的具体表现，可以达到增加建筑外形与内部空间实用性、美观性，体现建筑品位、气质的目的。

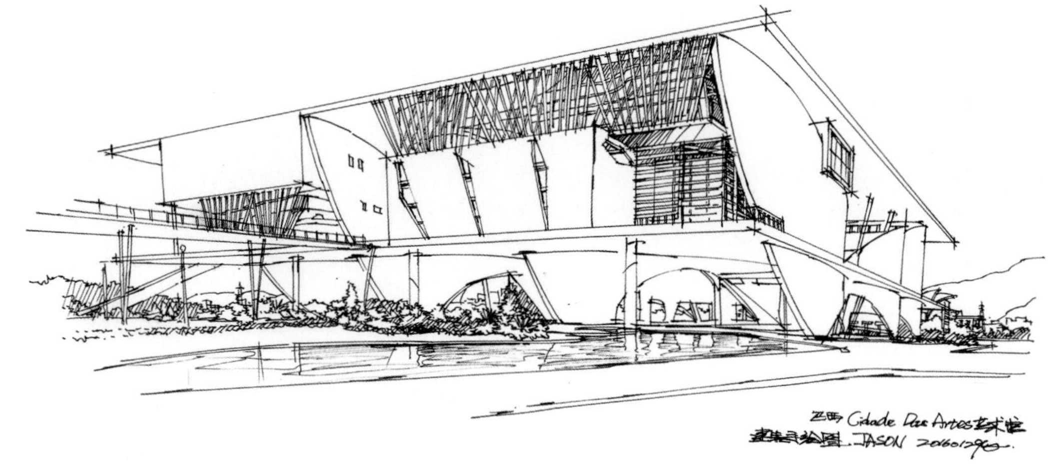

尺规表现图——线稿（巴西 Cidade Das Artes 艺术馆）
工具：速写本、会议笔

尺规表现图——彩稿（巴西 Cidade Das Artes 艺术馆）
工具：速写本、会议笔、马克笔、油漆笔

4. 阴影调子表现图

阴影调子表现图主要指用单一工具对建筑效果图中的黑、白、灰面进行区分，用不同方向的排线组合成面的方式表达建筑结构转折明暗、光线阴影、造型虚实的关系，塑造建筑空间、材料材质的质感肌理，让画面协调统一。用阴影调子表现建筑形态，可以使建筑体块显得厚重、分明。

阴影调子表现图（中国东海大学人文楼）
工具：速写本、会议笔

阴影调子表现图（埃及金字塔）
工具：速写本、会议笔

手绘的表现技法

1. 速写笔线稿表现

速写笔线稿的黑白表现是手绘中常用且重要的一种表现手段，速写笔实用、便携，不管是绘制草图、空间效果图，还是速写、写生，设计师都能通过平面图、立面图、效果图等黑白线稿快速表达建筑形体比例、转折变化、空间形态。在没有彩色工具的时候，设计师通过一支笔就能快速表现自己的想法。

速写笔线稿表现（意大利博洛尼亚建筑）
工具：速写本、会议笔

2. 马克笔着色表现

用马克笔进行效果图着色是设计师常用的一种表现手段。在表现空间的色彩搭配时，马克笔强调行笔快速、大胆，画面体块关系分明，明暗对比强烈，笔触跳跃。在设计师创作方案图纸时，非常方便、实用。应注意色彩不要太花哨，笔触不宜叠加多次，这样画面才会整洁、和谐、统一。

马克笔着色表现（欧洲城堡）
工具：复印纸、会议笔、马克笔

3. 彩色铅笔着色表现

彩色铅笔着色是相对比较容易掌握的一种表现技法，特点是色彩丰富，对比柔和，易修改，可重复叠加，对细节的表达能力强。适合表现空间过渡、渐变、材料质感、光线变化和真实感。

彩色铅笔着色表现

工具：复印纸、会议笔、彩色铅笔

4．水彩着色表现

水彩着色表现的特点是色彩丰富、对比柔和、肌理丰富。水彩效果图除了能深刻地表达内容与感情，还能给人以湿润流畅、晶莹透明、轻松活泼的感觉，同样能提高设计师的修养及审美情趣。

水彩着色表现（欧洲港口）

工具：水彩本、针管笔、固体水彩颜料、水彩笔

5. 纯马克笔手绘表现

纯马克笔手绘表现需要掌握一定的造型基础技能，如果能迅速把握建筑形体、比例、结构、透视，就可以直接用马克笔画图。用马克笔画图速度快、颜色表达丰富、笔触潇洒大气、空间感强。

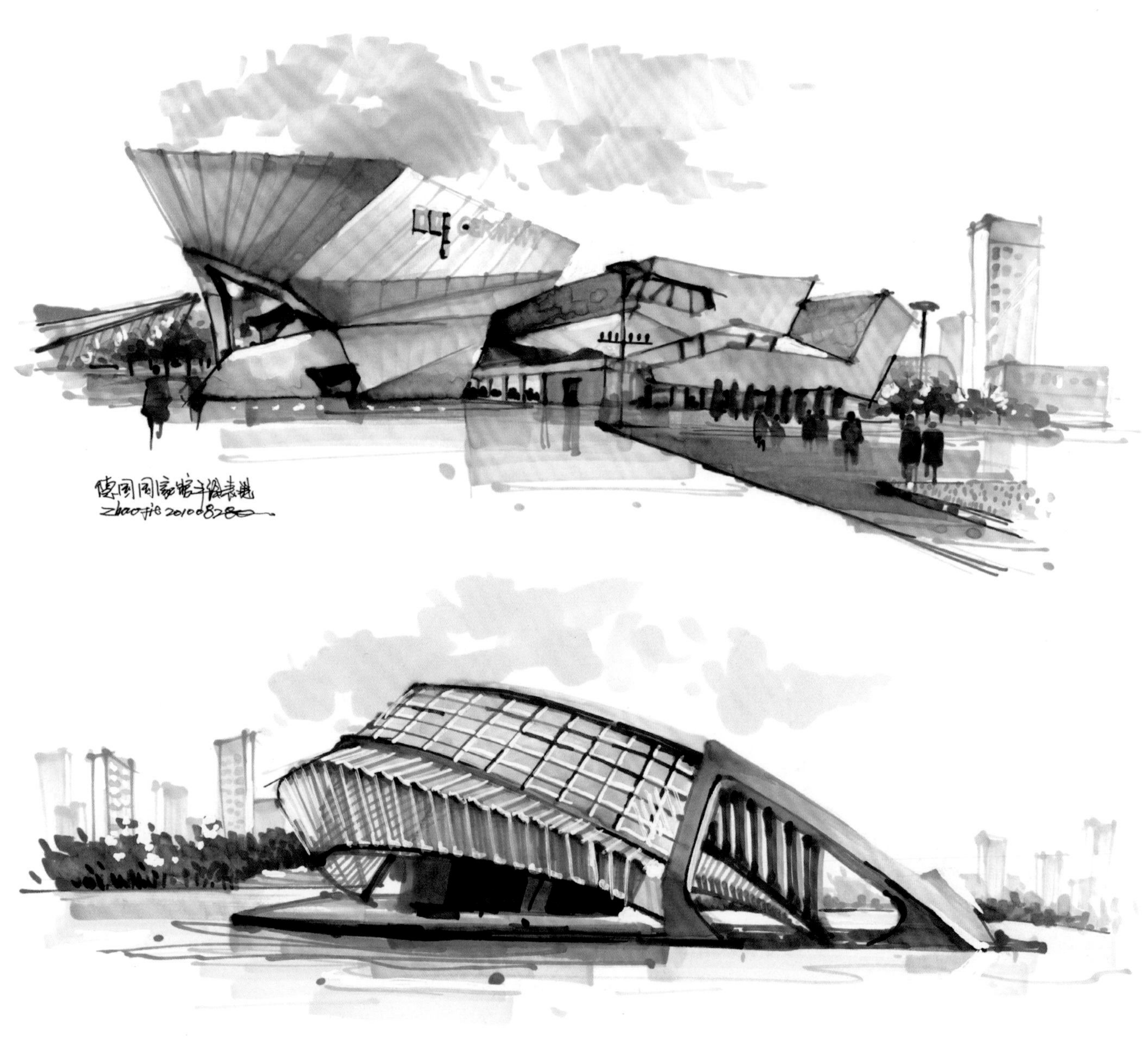

纯马克笔手绘表现
工具：速写本、马克笔

6. 铅笔表现

铅笔表现的特点是层次丰富、容易修改。铅笔价格便宜，缺点是不环保，容易弄脏手和衣袖。

铅笔笔芯有软硬之分，可以通过不同粗细、宽窄的笔锋表现浓淡效果。

纸面的粗糙程度和纹理不同，对画面的整体效果也会产生一定的影响，一般选用绘图纸效果会更好。

使用铅笔时通过不同力度、轻重可表达建筑丰富的肌理，使建筑层次分明、空间感强烈，给人视觉上无限的延伸感。

铅笔表现（流水别墅）
工具：速写本、自动铅笔

铅笔表现（景观设计手稿）
工具：速写本、自动铅笔

1.4 线条的练习方法

线条的重要性

在这里要强调一下线条在手绘中的重要性。很多人认为线条练习枯燥乏味，没有什么必要，这主要是还没认识到线条的重要性。对于初学者来说，要想快速提高手绘水平，线条的练习是必不可少的。当然，基础不错的初学者可以直接画空间图，在画空间图的过程中仔细体会线条的运用，因为无论是小的空间还是大的场景手绘，无论是简单的还是复杂的，这些都是由最基本的线条组成的。画面氛围的控制与不同的线条画法有着紧密的联系。线条的疏密、倾斜方向的变化、线条的结合、运笔的急缓等不同，都会产生不同的画面效果。

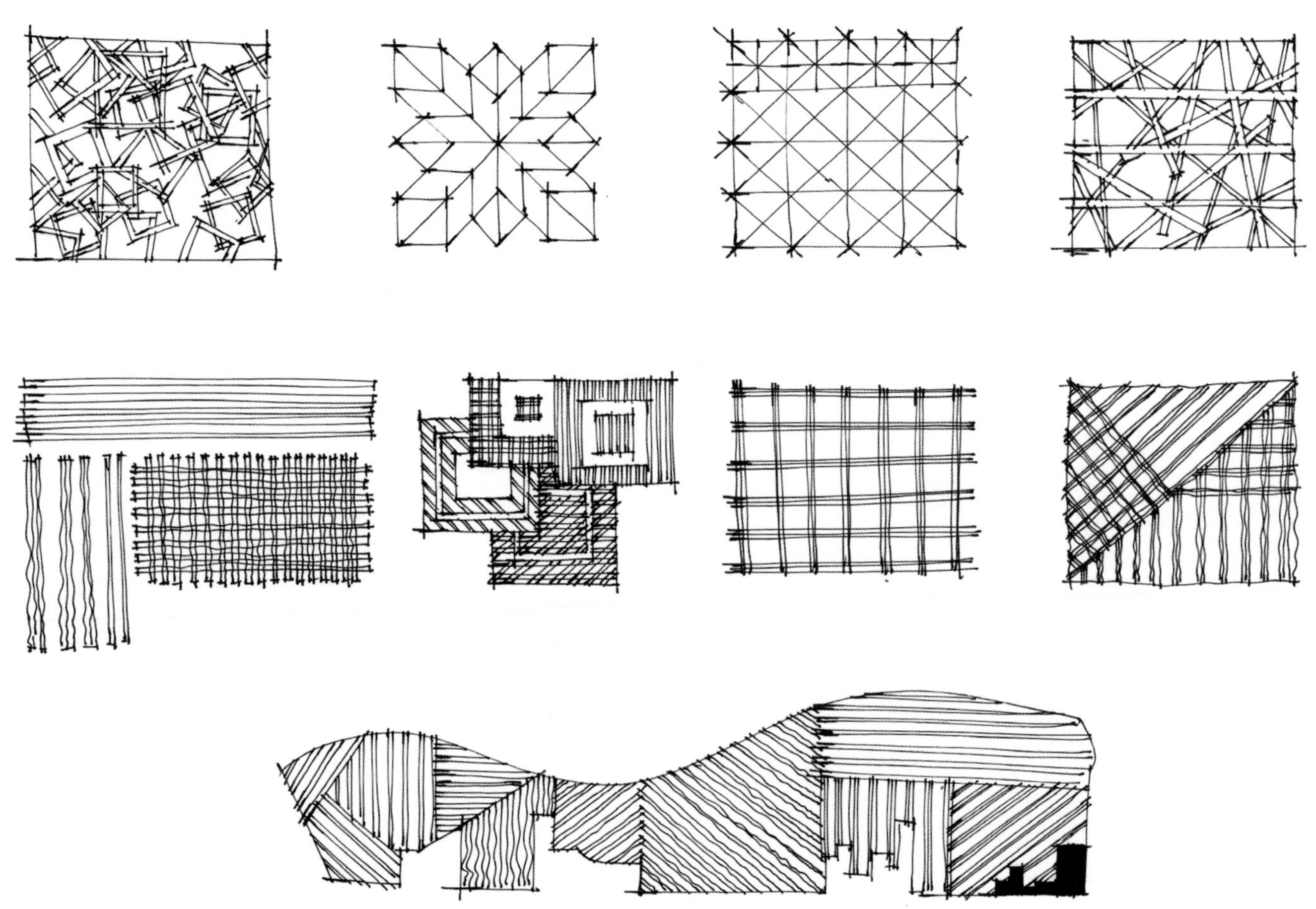

线条练习

线条的练习

掌握好手绘表现很重要的一点就是线条的练习。线条的练习需要坚持才能达到好的效果，主要包括直线（横直线、竖直线、斜直线）、曲线（横曲线、竖曲线、斜曲线）、弧线、椭圆、正圆、不规则线（长线、短线、快线、慢线）的练习，接下来讲解不同线条的组合训练。

1. 直线的练习方法

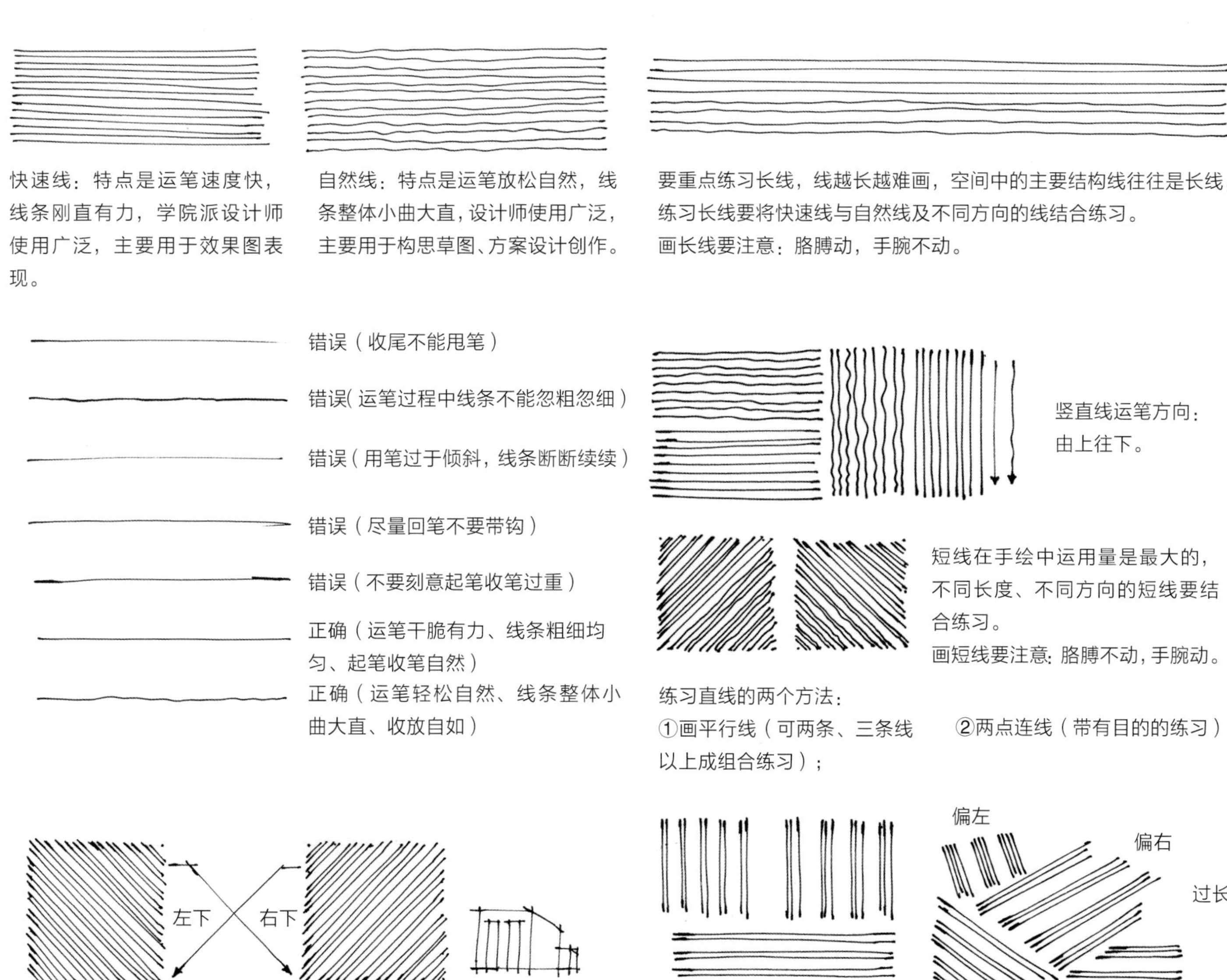

快速线：特点是运笔速度快，线条刚直有力，学院派设计师使用广泛，主要用于效果图表现。

自然线：特点是运笔放松自然，线条整体小曲大直，设计师使用广泛，主要用于构思草图、方案设计创作。

要重点练习长线，线越长越难画，空间中的主要结构线往往是长线，练习长线要将快速线与自然线及不同方向的线结合练习。

画长线要注意：胳膊动，手腕不动。

错误（收尾不能甩笔）

错误(运笔过程中线条不能忽粗忽细）

错误（用笔过于倾斜，线条断断续续）

错误（尽量回笔不要带钩）

错误（不要刻意起笔收笔过重）

正确（运笔干脆有力、线条粗细均匀、起笔收笔自然）

正确（运笔轻松自然、线条整体小曲大直、收放自如）

竖直线运笔方向：由上往下。

短线在手绘中运用量是最大的，不同长度、不同方向的短线要结合练习。

画短线要注意：胳膊不动，手腕动。

练习直线的两个方法：

①画平行线（可两条、三条线以上成组合练习）；

②两点连线（带有目的的练习）。

注：箭头代表运笔方向。

2. 曲线的练习方法

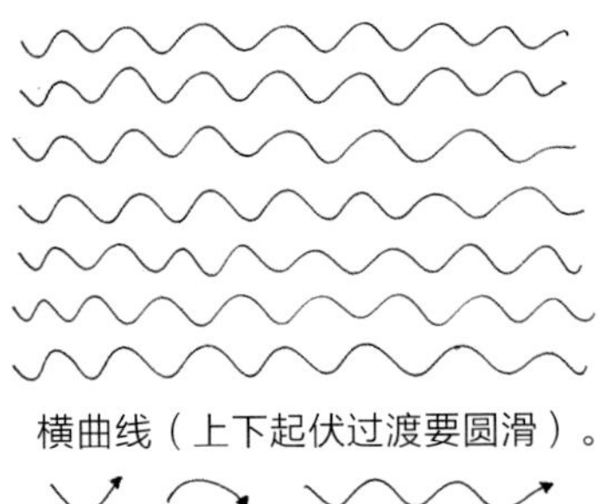

横曲线（上下起伏过渡要圆滑）。

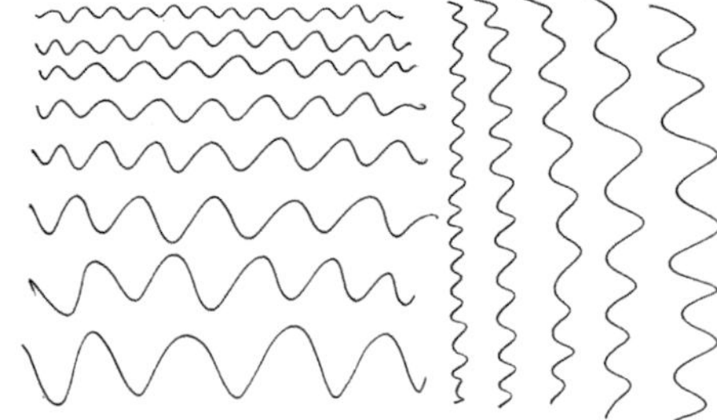

曲线弧度与高度起伏大小的练习。
练习完曲线再去画直线中的自然线，自然线将会更加自然、放松、流畅。

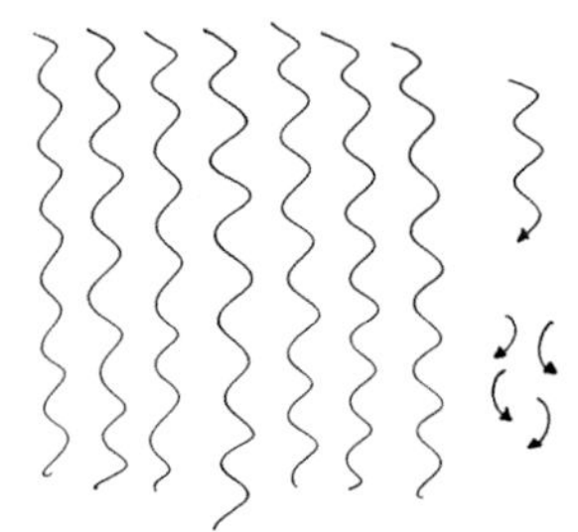

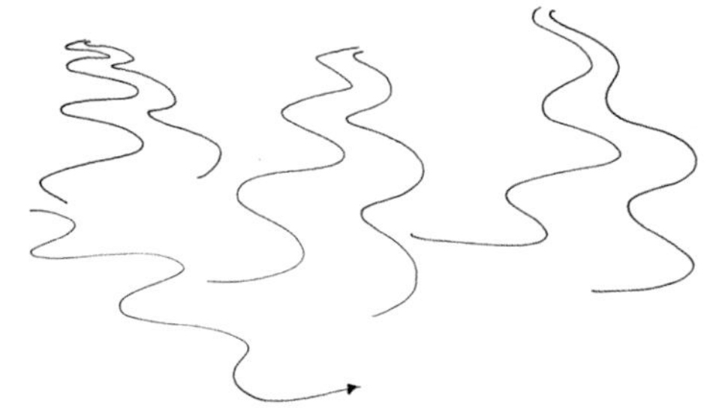

带透视的曲线组合（景观园路常用）。

竖曲线（上下起伏过渡要圆滑）。

3. 弧线的练习方法

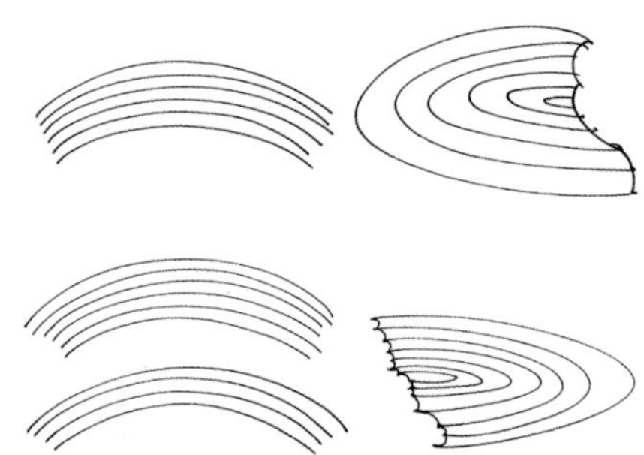

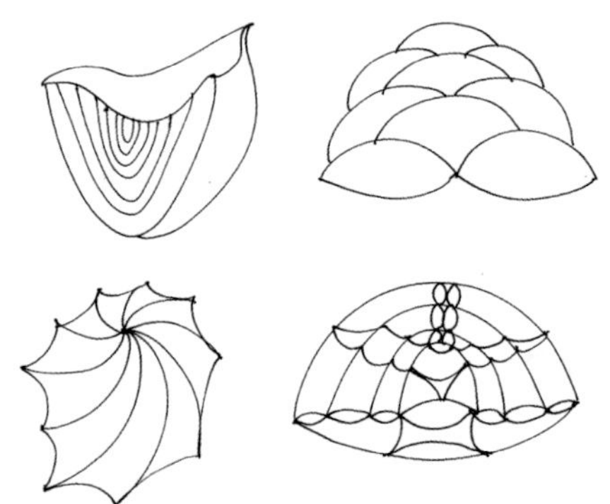

运笔、过渡要圆滑。

注意不同方向、不同角度的练习。

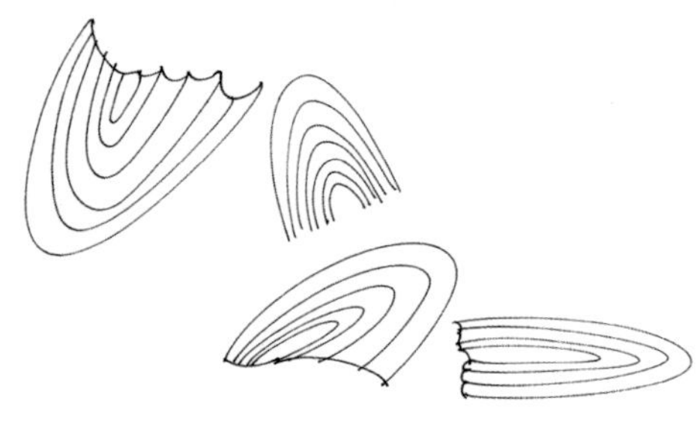

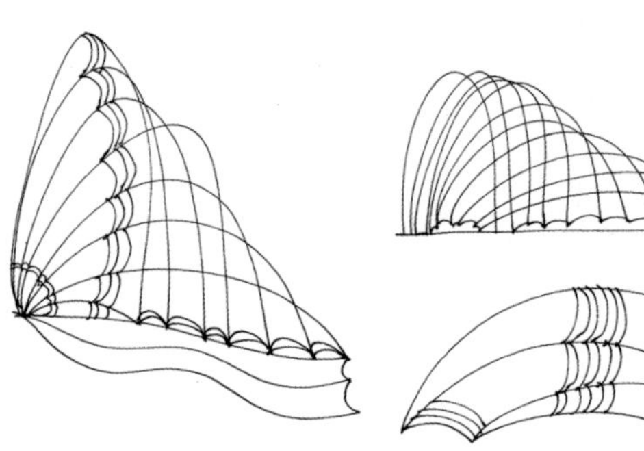

注意角度大小变化的练习。

心态放松，线条方能自然。

4. 椭圆的练习方法

两笔画法：竖向“C”形和“弧线”。

两笔画法：横向“C”形和“弧线”。

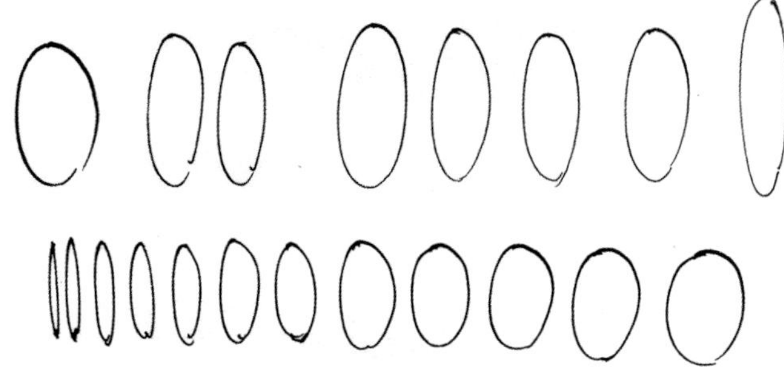

竖向椭圆：透视强弱引发的角度大小的变化。

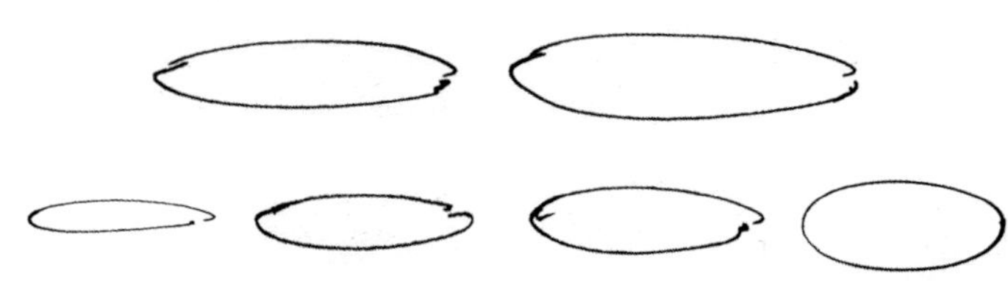

横向椭圆：透视强弱引发的角度大小的变化。

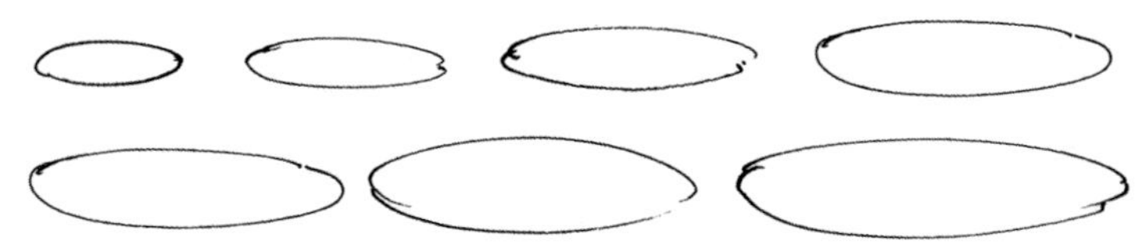

椭圆大小的练习。

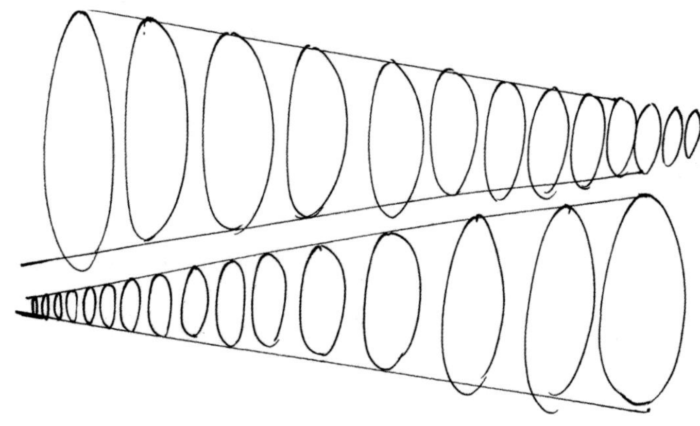

椭圆大小的练习。

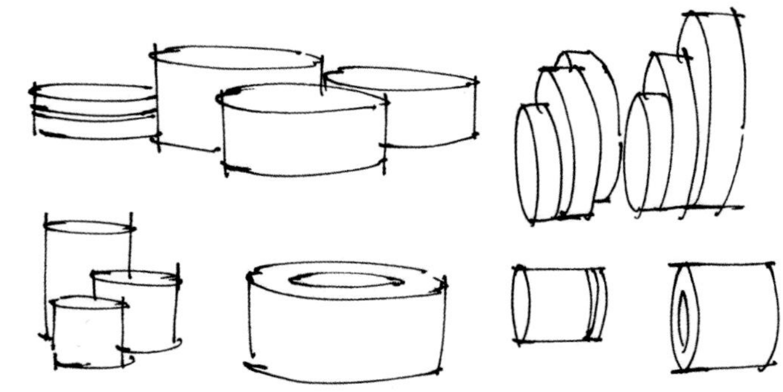

椭圆体块关系的练习。

5. 正圆的练习方法

基础

可放慢速度先画圆，笔触粗细稳定，整体过渡圆滑饱满，起笔、收笔交接自然顺畅。

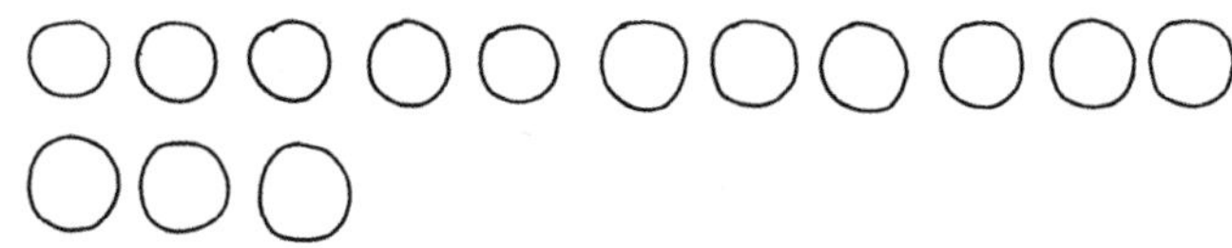

正确与错误的画法

错误（线粗细不均） 错误（收尾外交接） 错误（收尾内交接） 错误（过渡不圆滑） 正确（过渡圆滑饱满，交接自然顺畅）

圆的大小练习

用不同大小的纸张或不同的比例、尺度表现圆形物体，圆的大小是不同的。

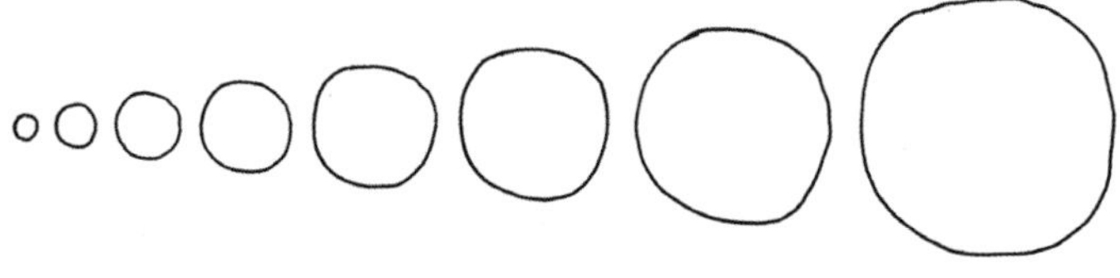

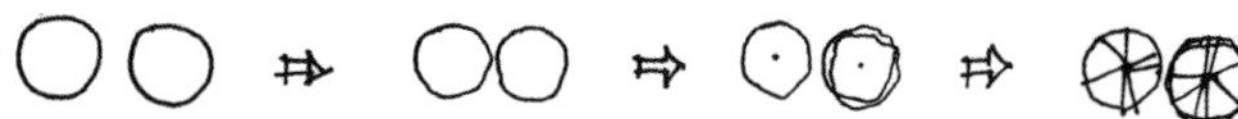

基础（先画圆） 熟练（放松、速度快） 自然（相由笔生） 应用（实际运用）

形式

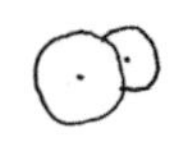

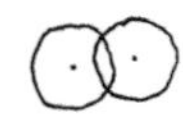

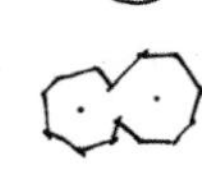

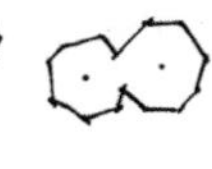

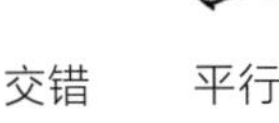

错落 交错 平行

种类

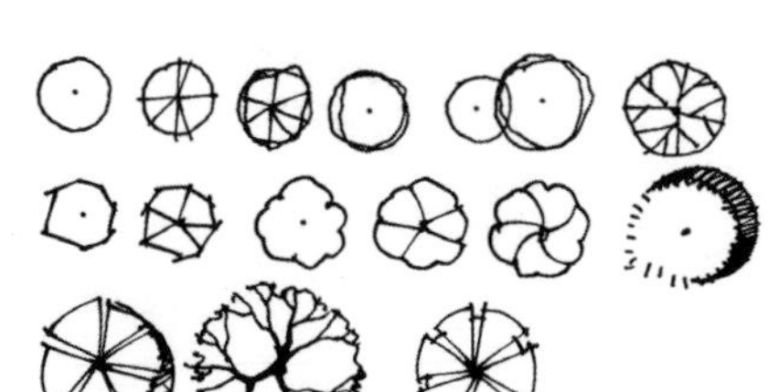

6. 体块穿插与解构练习

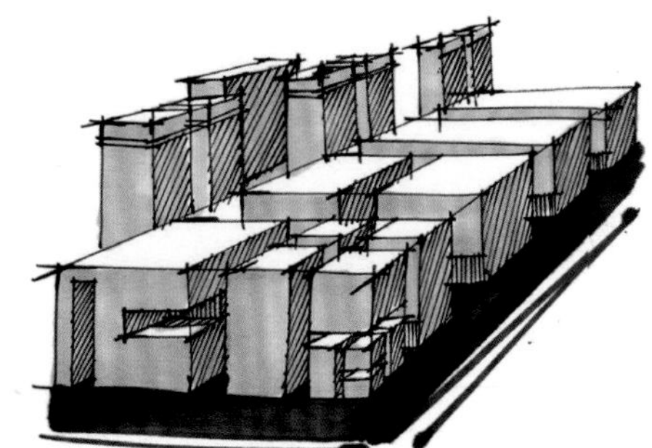

7. 不规则线的练习方法

回笔要干脆。

回笔要圆滑。

单笔画法。

前后穿插关系。

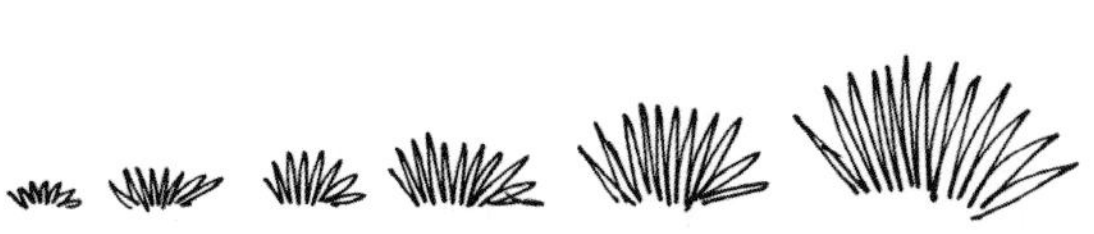

起伏大小变化。

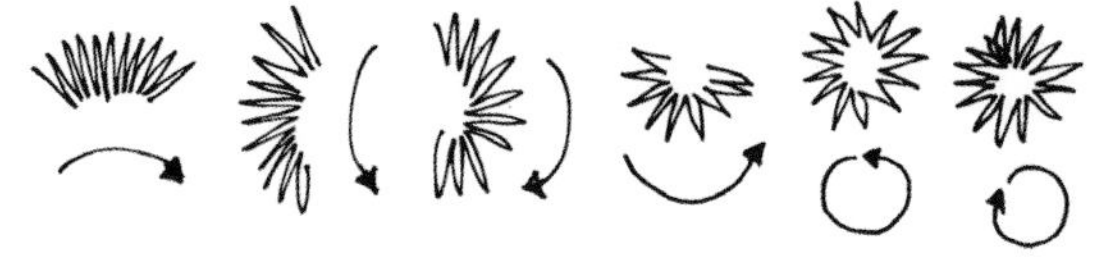

运笔方向变化。

圆滑运笔范例。

特点：线条转折硬朗，起伏大小要有变化。

外弧线要圆滑，起伏大小要有变化 。

内弧线要圆滑，起伏大小要有变化。

向外弧围合画法。

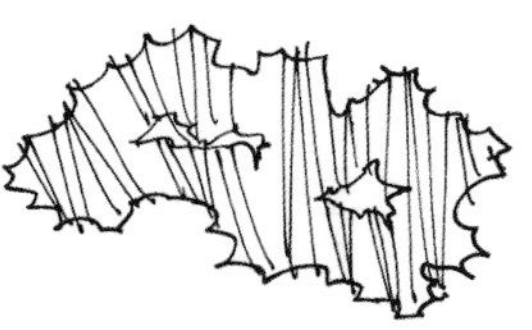

向内弧围合画法。

内弧线运笔方向。

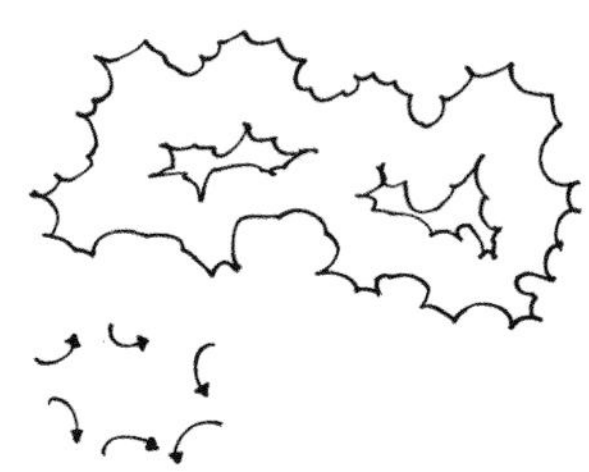

外弧线运笔方向。

综合运用：画一种植物，经常会用到两种及以上的不规则线。

1.5 马克笔使用方法

马克笔常用笔宽　　　　**运笔速度**

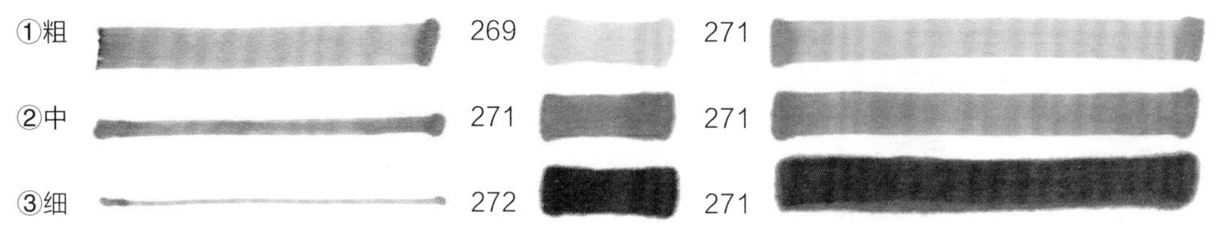

轻快运笔达到 269 的效果；
正常运笔达到 271 的效果；
重复运笔达到 272 的效果。

马克笔常用宽度有三种，由此可见，在马克笔数量少的情况下 1 支笔可当 3 支笔使用。

对比

画面着色通常是由浅入深，浅色整体画完再画更深的层次，最后在视觉中心主体及前景画更深的颜色，强调空间主次、明暗的对比与变化。

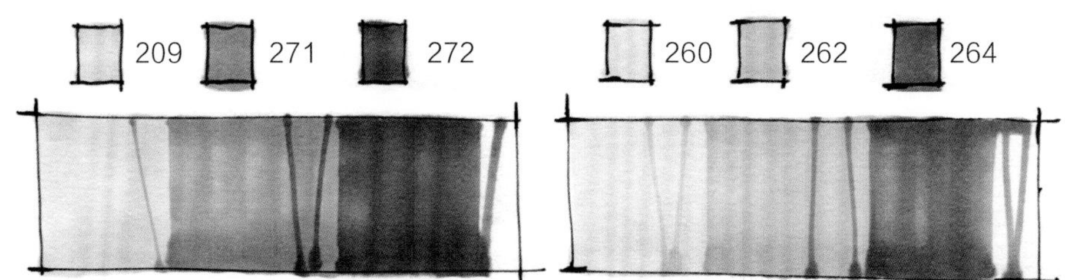

过渡

（由浅到深）
横向画法
竖向笔触

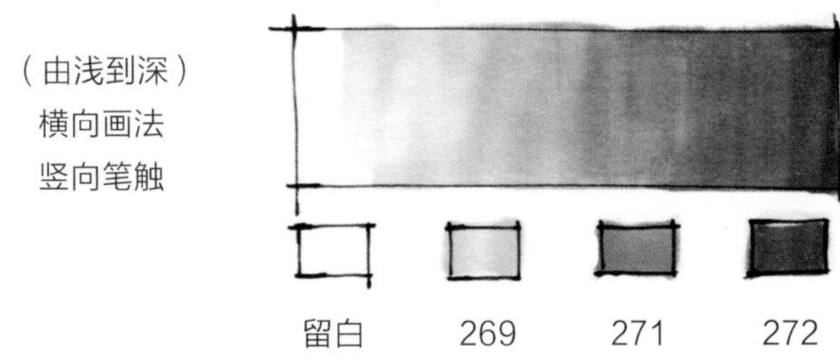

留白本身也是一个层次；269 由轻快到慢再到重复叠加；271 由轻快到慢再到重复叠加；用 269 过渡 269 与 271 之间的色差；272 由轻快到慢再到重复叠加；用 271 过渡 271 与 272 之间的色差。

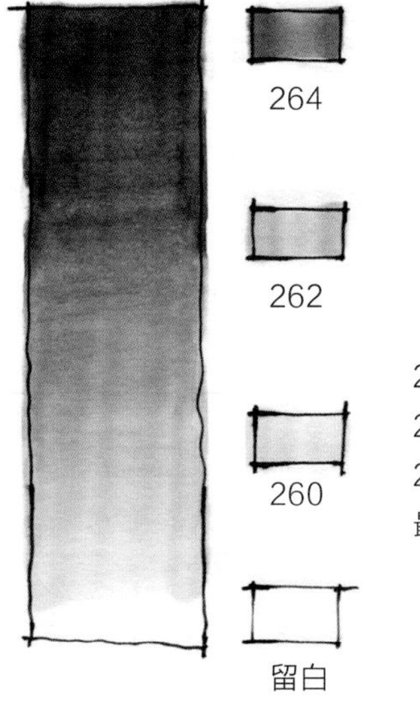

（由深到浅）
竖向画法
横向笔触

264 重复叠加再由慢到轻快；
262 重复叠加再由慢到轻快；
260 重复叠加再由慢到轻快；
最后留白本身也是一个层次。

排笔

横向排笔

竖向排笔

甩笔

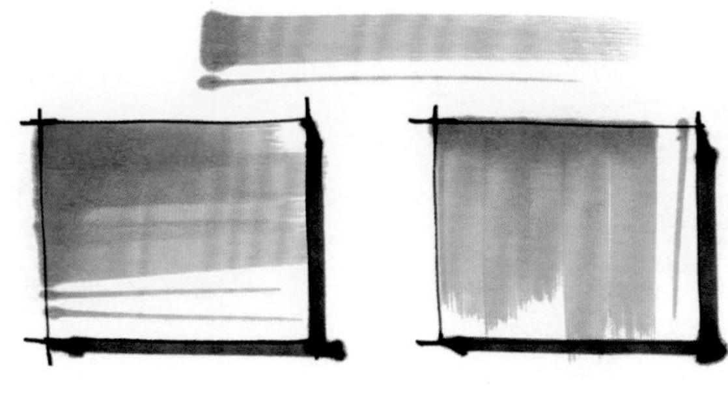

横向甩笔　　竖向甩笔

颜色叠加时间

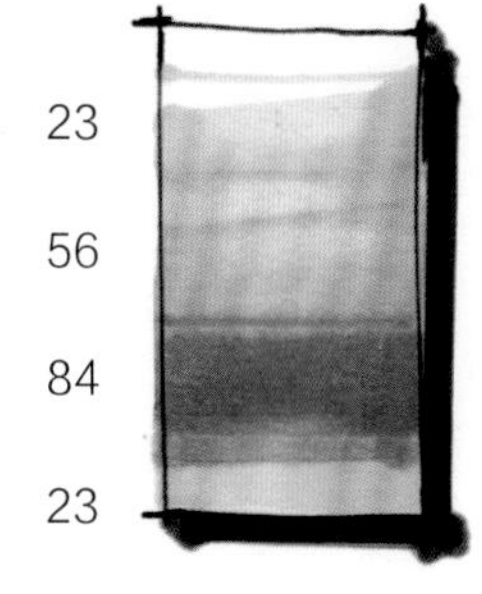

颜色叠加时间间隔（3~5 秒）

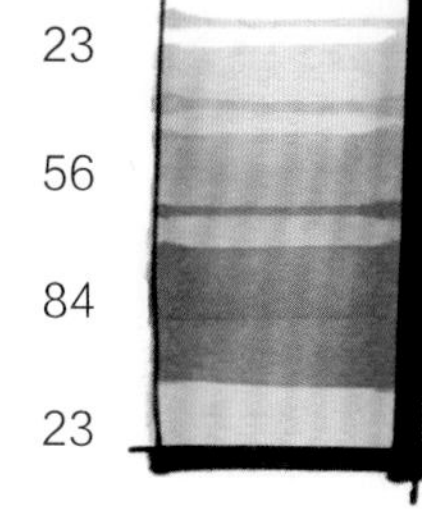

颜色叠加时间间隔（3~5 分钟）

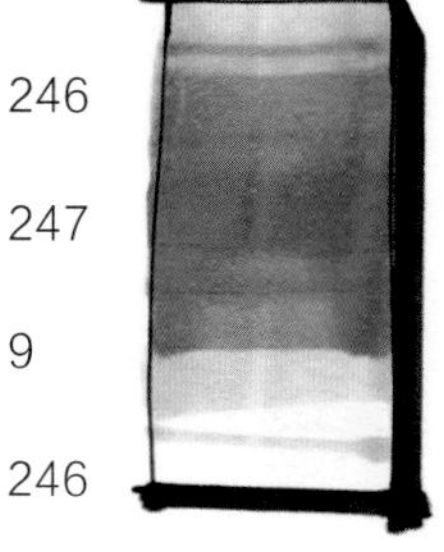

颜色叠加时间间隔（3~5 秒）

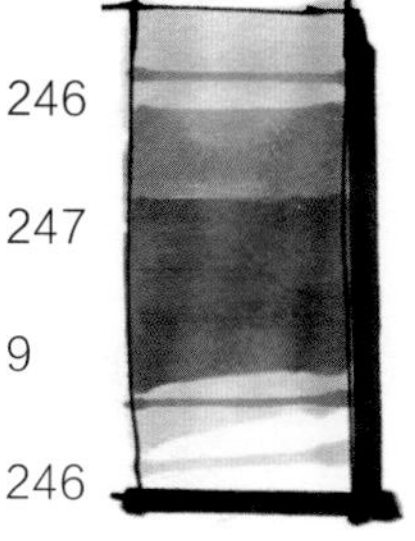

颜色叠加时间间隔（3~5 分钟）

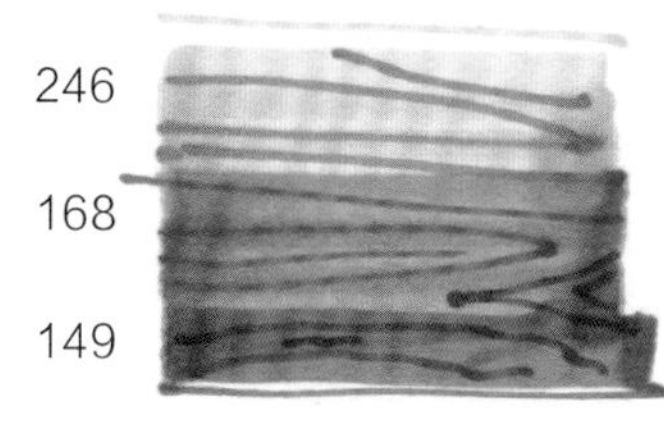

颜色深浅与笔触粗细的结合

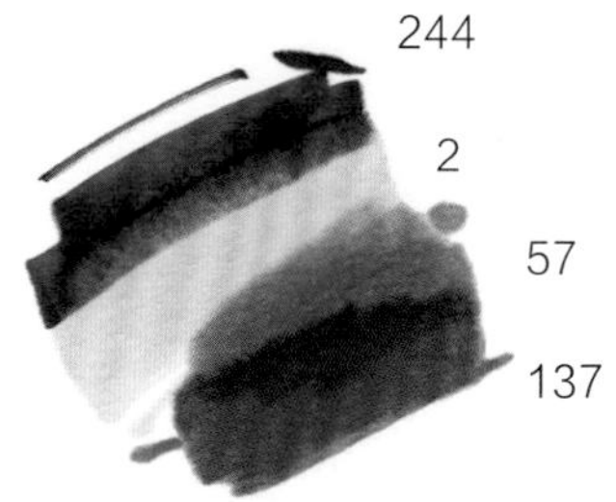

色彩对比碰撞

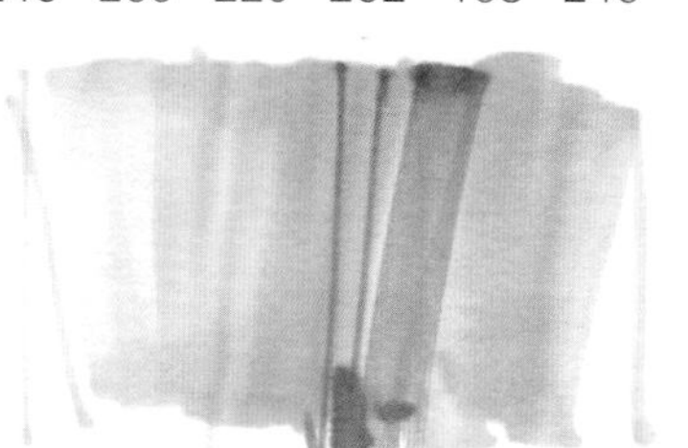

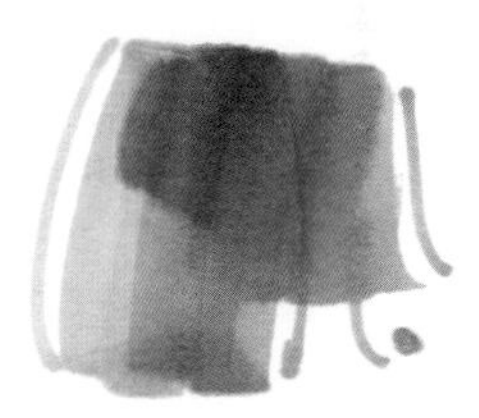

快慢笔触结合

干枯轻快笔触（打底）

湿润柔和笔触（覆盖）

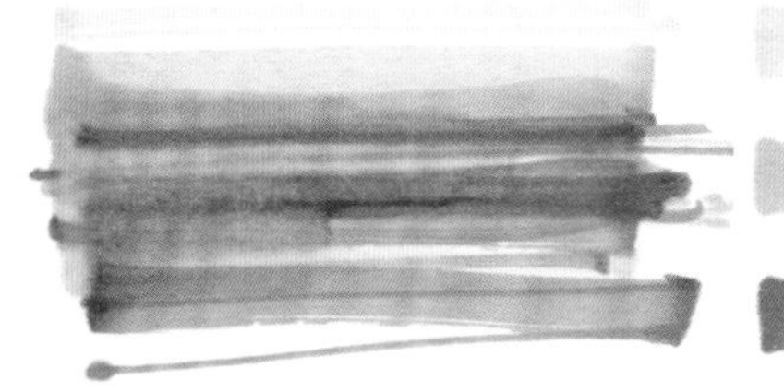

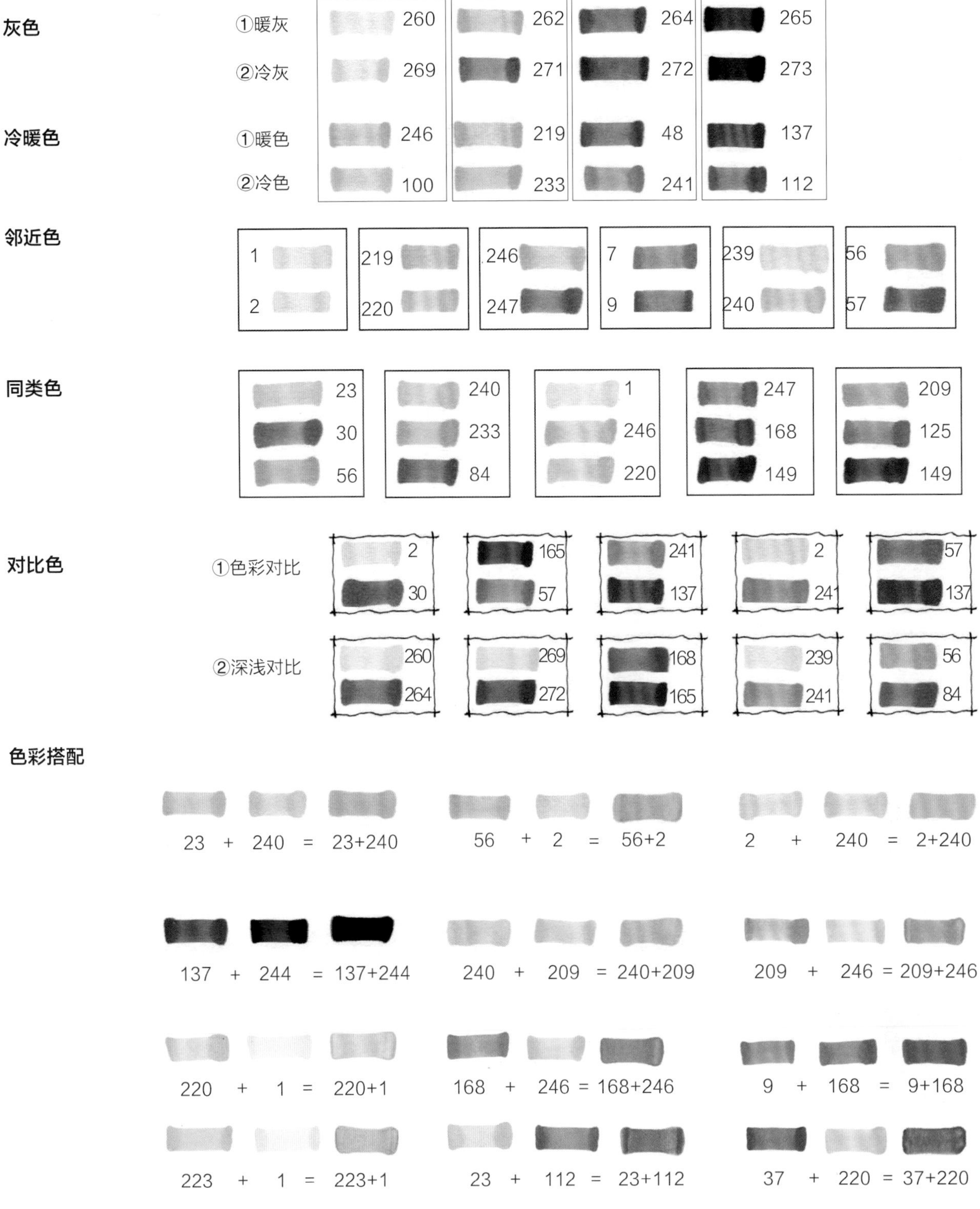

以上色彩搭配只是举例说明，可不断地去尝试搭配更多色彩，很多时候马克笔没有的颜色可以用颜色不同的两支笔或更多支笔搭配出来，而且色彩会更加漂亮。在色彩搭配中，深色能覆盖浅色，浅色只能不同程度地影响深色。

色彩融合

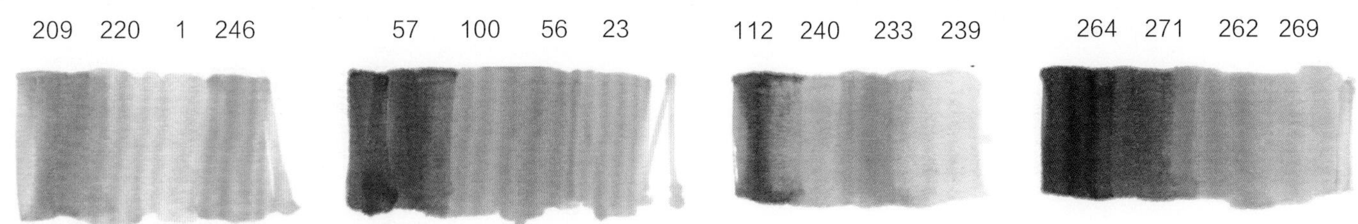

点缀色

画“圈”式柔和笔触

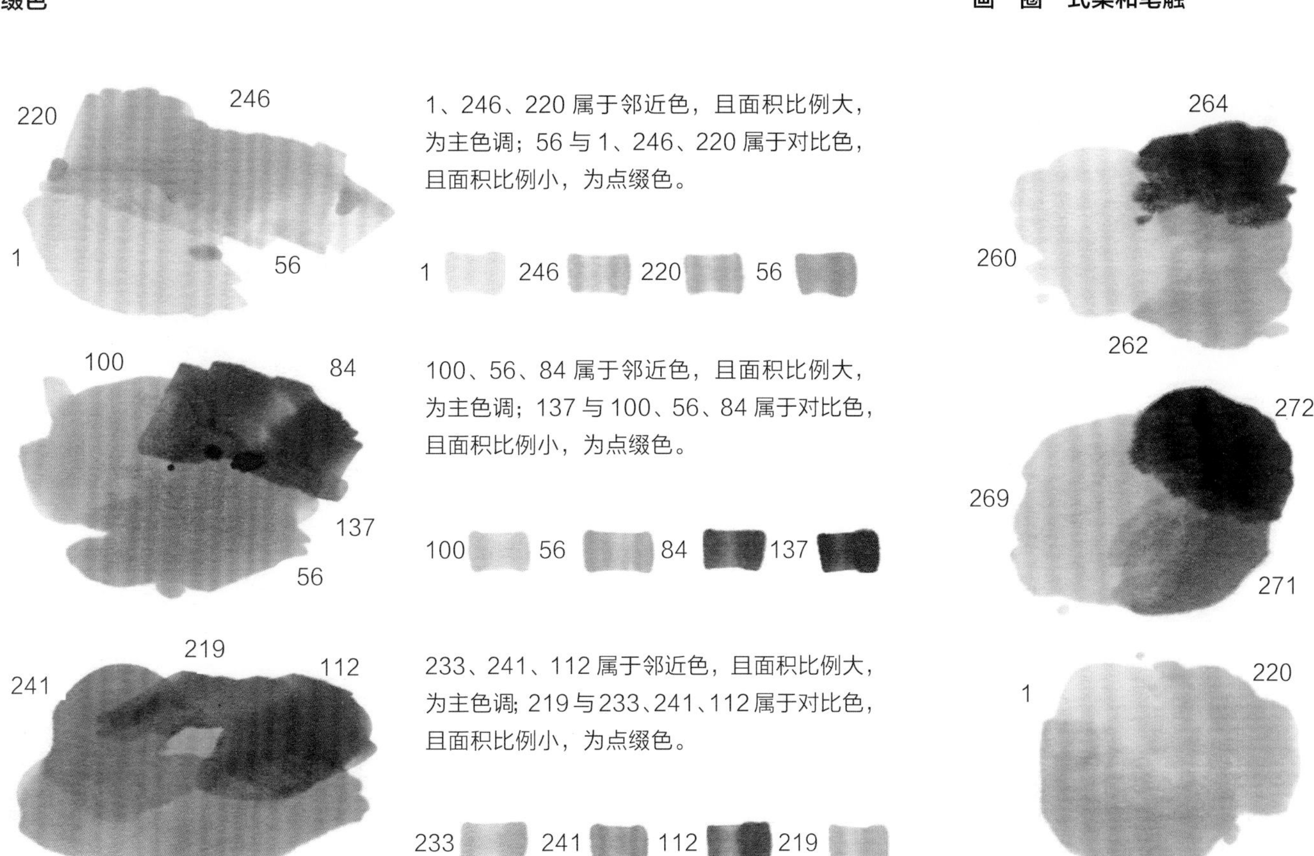

1、246、220 属于邻近色，且面积比例大，为主色调；56 与 1、246、220 属于对比色，且面积比例小，为点缀色。

100、56、84 属于邻近色，且面积比例大，为主色调；137 与 100、56、84 属于对比色，且面积比例小，为点缀色。

233、241、112 属于邻近色，且面积比例大，为主色调; 219 与 233、241、112 属于对比色，且面积比例小，为点缀色。

1.6 透视原理

透视原理是学习手绘效果图必须掌握的内容。只有学好透视原理，设计师才能在二维的平面上绘制出立体（三维）的效果图，即便是在电脑引领设计的时代，透视原理也是必学的。透视方式有三种：一点透视、两点透视和三点透视。透视的整体特点可以概括为“近大远小”。理性思维能力强的人学习透视较快，掌握好透视后感性思维能力强的人会进步较大，画得比较随意、干练。

一点透视呈现的视觉效果

一点透视

一点透视又称平行透视，画面中只有一个灭点 *V*，俗称消失点，消失点位于人的视平线 *HL* 上，所有的线都消失、相交于视平线上 *V* 这个灭点，或者说所有的线都从灭点向四周放射。

一点透视的特点：在三种透视方式中一点透视是最容易学习和掌握的，但是画起来耗时累人；可表现出严肃、庄重、大方的空间特点；空间中的横线与竖线呈垂直状态。

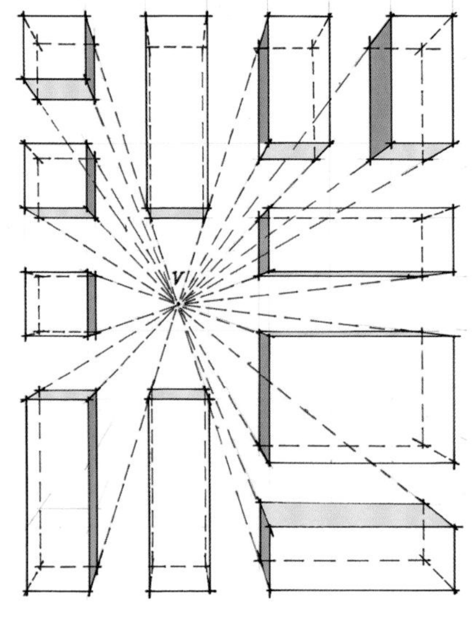

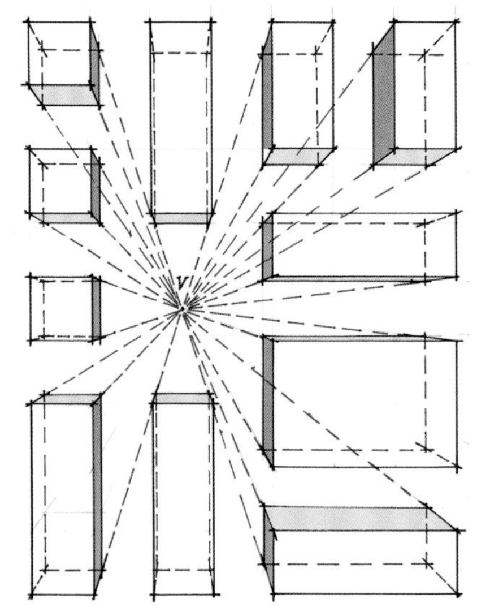

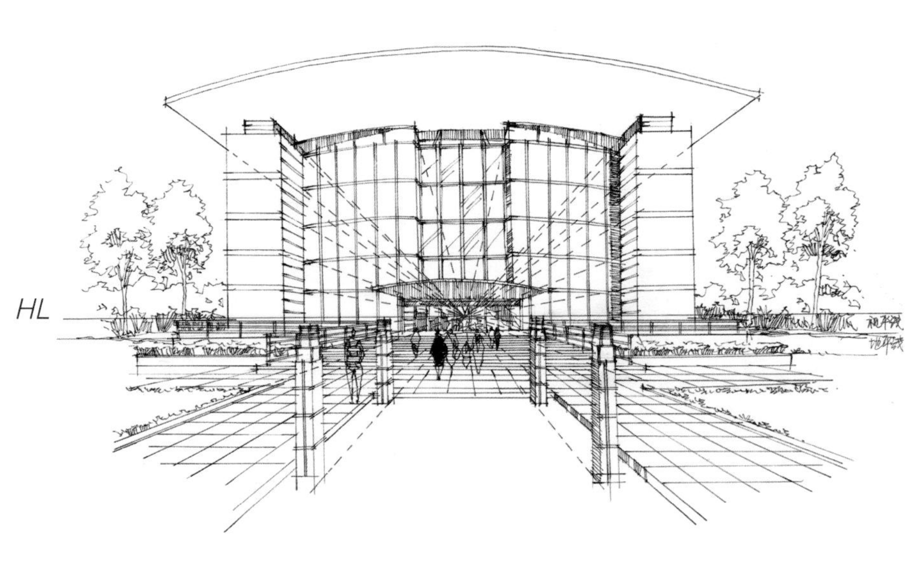

一点透视原理

一点透视案例一

一点透视案例二

两点透视

两点透视又称成角透视，顾名思义有 V_1 和 V_2 两个灭点，这两个灭点都位于人的视平线（*HL*）上，向左倾斜的线都消失、相交于视平线上 V_1 这个灭点，向右倾斜的线都消失、相交于视平线上 V_2 这个灭点。

两点透视的特点：对于初学者而言，两点透视比一点透视难掌握，是手绘表现中常用的透视方式；两点透视可表现出自由、灵动、变化丰富、视觉舒适的空间特点。

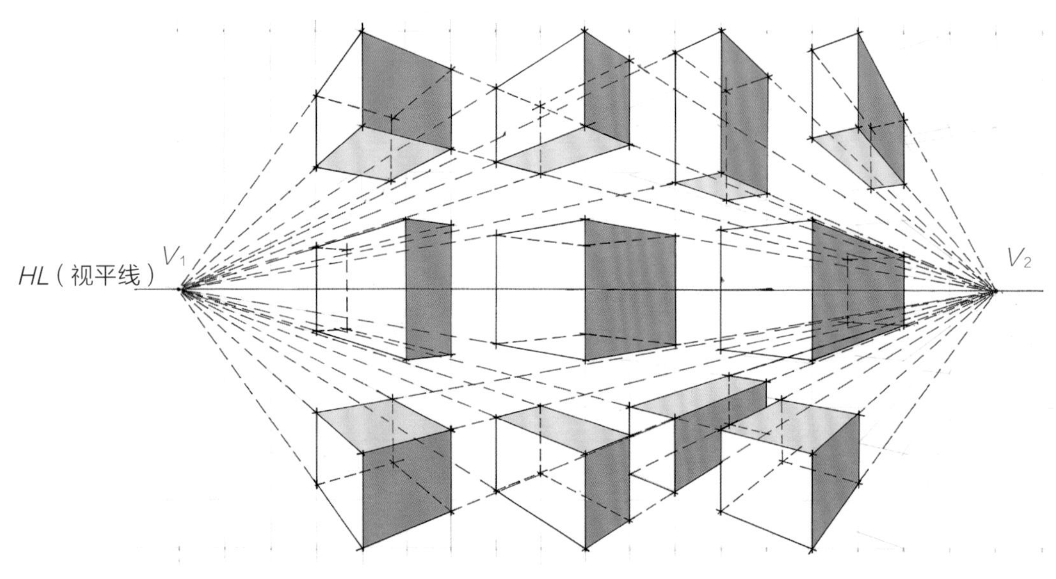

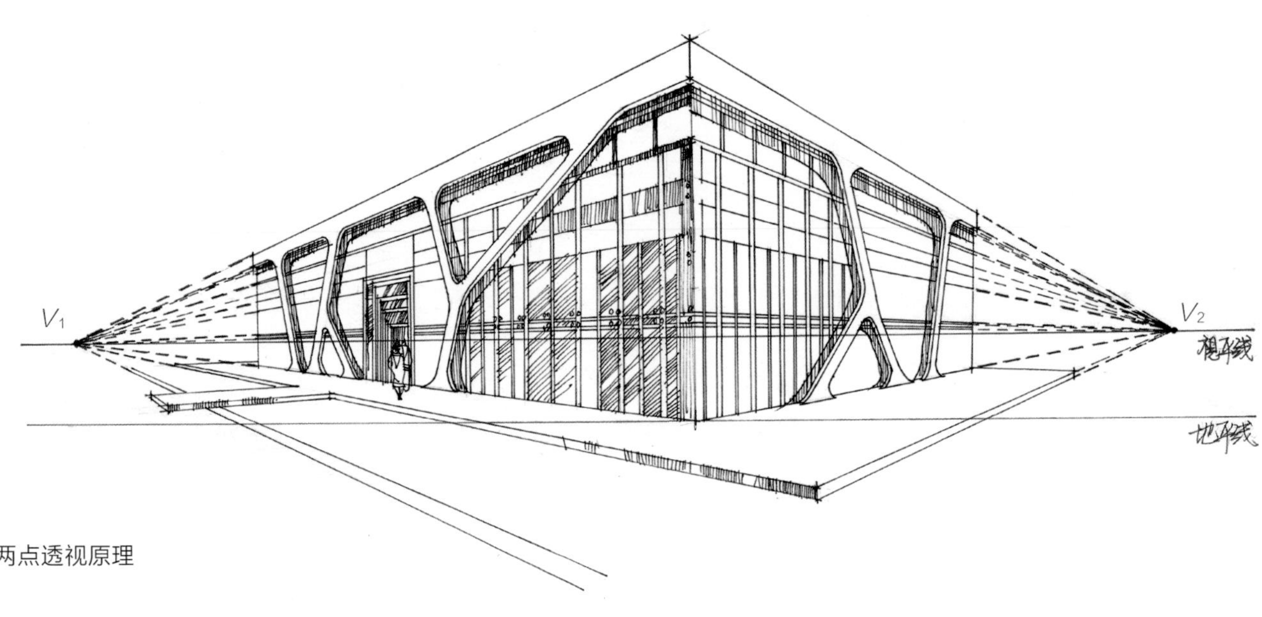

两点透视原理

两点透视案例一

两点透视案例二

三点透视

三点透视有三个消失点 V_1、V_2、V_3，在室内设计手绘表现中很少使用，常用于景观设计手绘表现中的鸟瞰图绘制，或在画高层建筑设计手绘效果图时用以凸显建筑的气势磅礴、高大雄伟。规划设计师经常使用这种透视方式来制图。

人们站在摩天大楼的下方，仰望高楼时看到楼逐渐变小，整个大楼的线、面都是向上和向两侧倾斜的，这是三点透视给人们带来的视觉效果。

或者人们坐在飞机上俯瞰地上的高层建筑群，这时看到的高楼的转折线都在微微向下，并向两侧倾斜。

概括地说，在表现仰视或俯视成片的建筑、景观或高大的建筑时，才会用到三点透视。

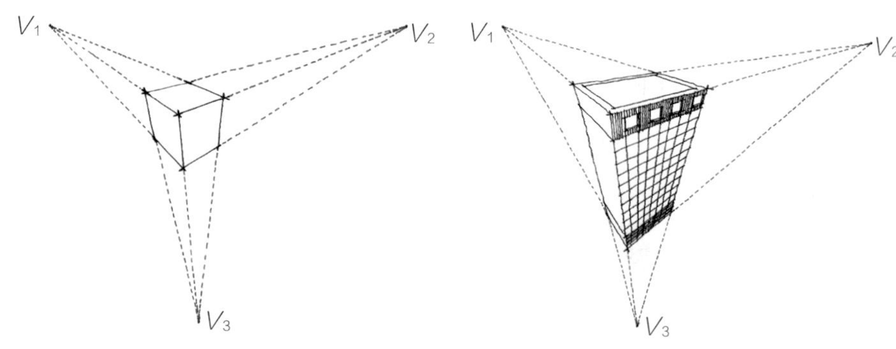

| 三点透视画法示意

| 三点透视呈现的视觉效果

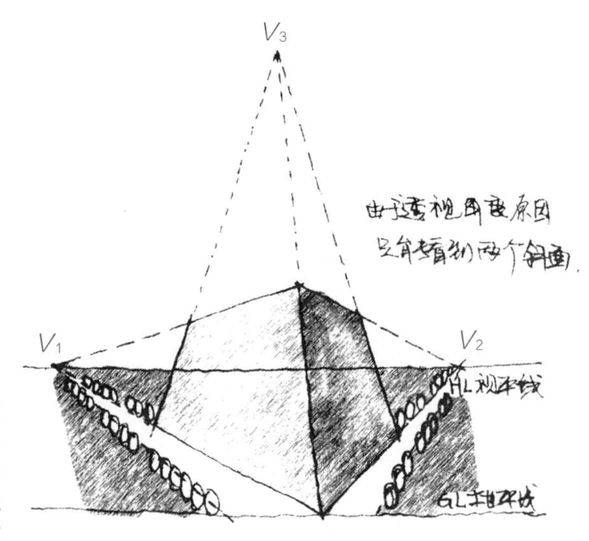

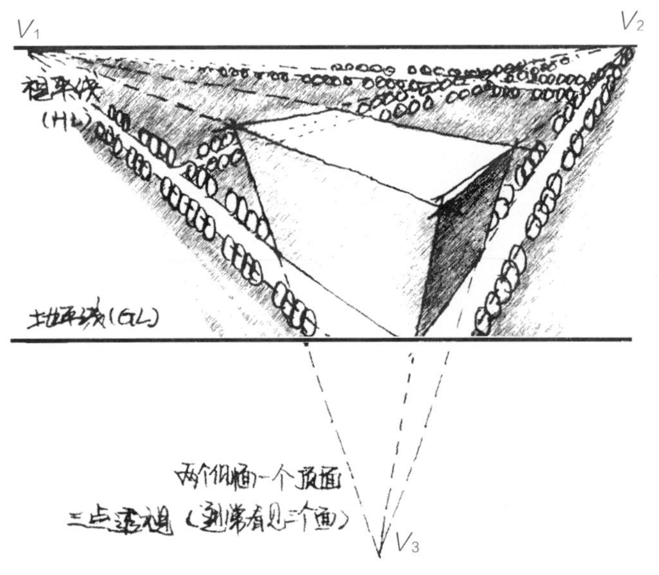

| 三点透视图解

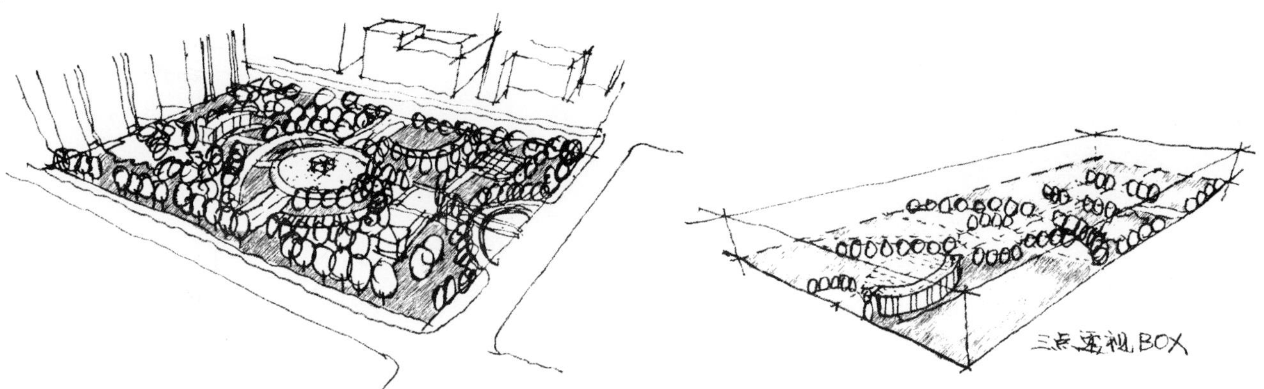

三点透视案例一

三点透视案例二

1.7 建筑构图

“构图”一词的英文是 composition，为造型艺术的术语。构图是表现作品内容的要素；是将各部分进行组成、结合、配置，并整理成艺术性较强的画面；是在形式美方面诉诸视觉的点、线、面、形态、线条、体块、质地、明暗、颜色、光线的结合体；是将人、景、物安排在画面中以获得最佳效果的布局形式。构图常出现于绘画、摄影、设计创作中。

构图需要讲究艺术技巧和表现手段，在设计创意的基础上，构图属于立行的重要一环，好的构图能充分地表达设计师的思想意图。建筑构图创作是建筑师为了表达设计作品的主题思想和美感效果，在特定文化背景、时间、地点、空间中处理建筑与周边环境的关系，力求主题突出、建筑与环境融合和统一，创作出完美的构图。

横向构图

横向构图是看上去最自然、用得最多的一种构图形式。横画幅构图有利于表现建筑高低起伏的节奏感。如果横画幅被加宽，则水平线的造型力将被强化。表达建筑空间时，采用横向构图的形式通常会让画面更加富有空间感及平稳性。横向构图能够很好地彰显建筑的面部特征和建筑形态，在横向构图中建筑一般处于中间偏下的位置，画面上方多留有一定的空间区域，这样能增强画面的空间效果及建筑的稳定性。一般会在画面左边或右边留出一定的空间，并在留出的空间区域添加近景植物、人物等进行填充，这样会让画面构图更加均衡稳定。横向构图还有利于协调建筑与环境的关系，表现画面的稳定感。

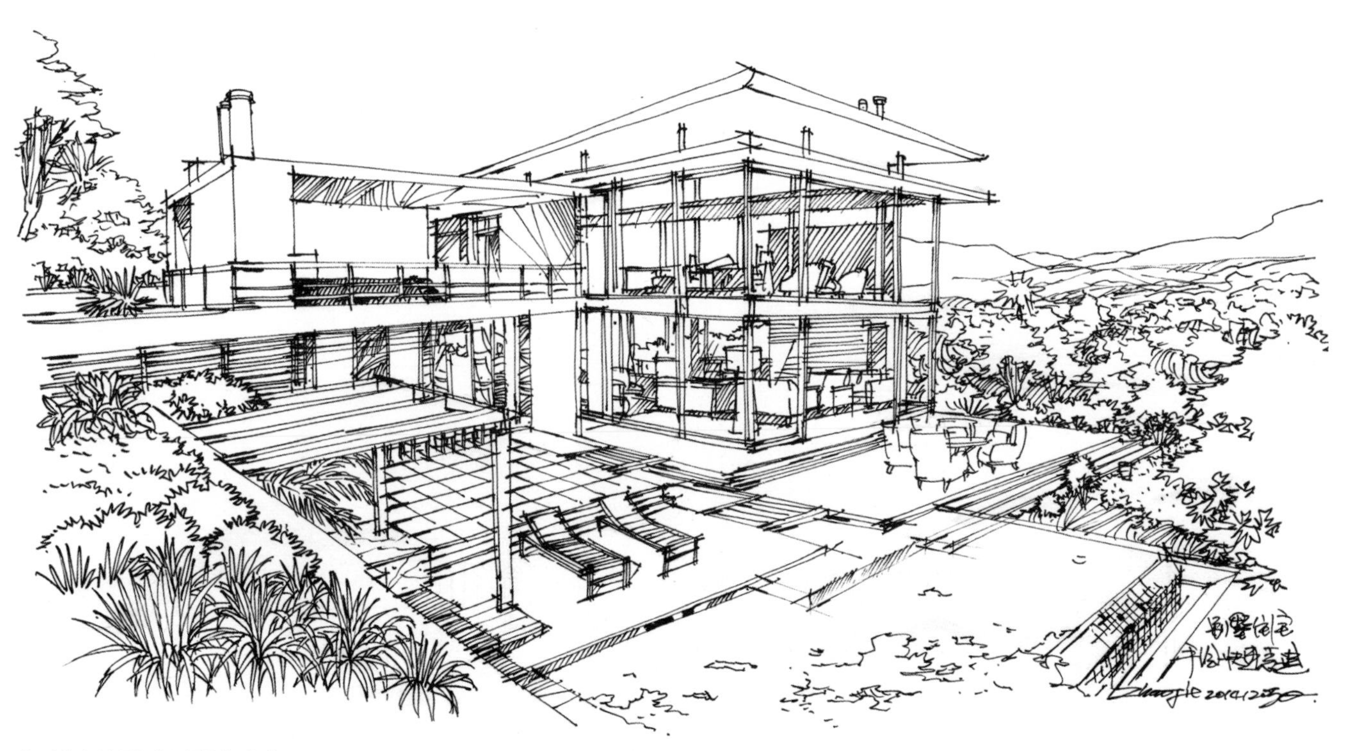

横向构图（别墅住宅）
工具：复印纸、自动铅笔、速写笔

竖向构图

竖向构图也是一种常用的画幅形式，尤其在表现高大建筑物时运用较多，它有利于表现垂直线特征明显的景物，显得高大、挺拔、庄严。在竖向构图画幅中可以把画面中上下部分的内容联系起来。竖向构图还有利于表现平远的事物，往往结合仰视或俯视角度，展现建筑在一个平面上的延伸效果，突出远近层次。如果竖向构图画幅被加长，则可以增强其画面张力。

三角形构图

三角形构图是以三点成面的几何构成来安排景物，形成一个稳定的三角形。三角形构图可以是正三角形，常用来表现对称建筑景物；也可以是斜三角形，斜三角形较为常用，也具有安定性、均衡性，又不失灵活性的特点。

将在画面中所要表达的主体放在三角形中或影像本身形成的三角形形态中，因为构图是视觉感应方式，有形态、阴影形成的三角形形态，三角形构图稳定感强，绘画、设计、摄影常用此构图形式。

竖向构图

工具：复印纸、自动铅笔、速写笔

三角形构图

工具：复印纸、自动铅笔、速写笔

方形构图

由于建筑形态的原因，方形构图在建筑设计中使用较少，常用于建筑鸟瞰图或大场景城市规划图的绘制。

方形构图显得有些“非主流”，但方形构图能让画面看起来更加紧凑，更容易让视线聚焦于画面中心并突出主体，画面也更加简洁明快。不管是点中心构图还是线性中心构图，都能让人一眼就能了解设计师想表现的主角。中心构图时，需考虑主体所占画面的比例及位置，这些都会影响画面的美感。

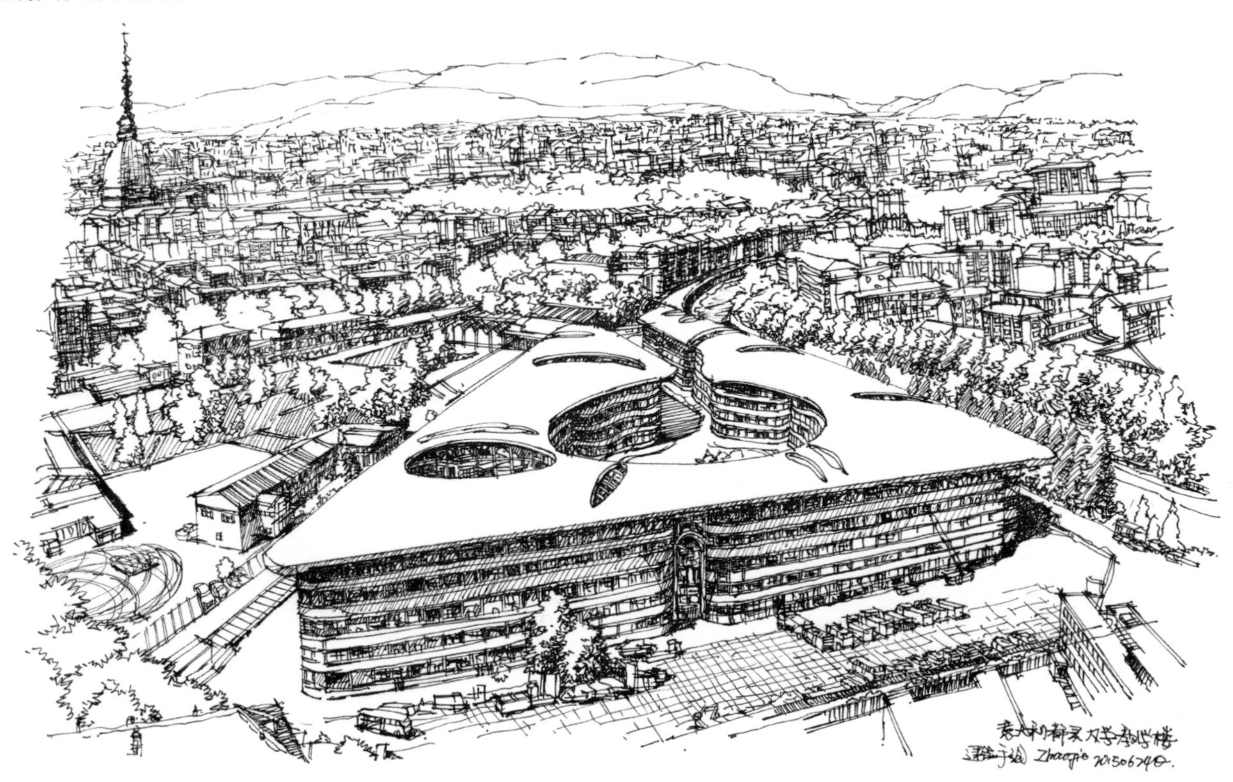

方形构图（意大利都灵大学教学楼）
工具：速写本、会议笔

梯形构图

梯形构图即阶梯形状构图，给人错落有致的空间美感，如河流、海滩、坡地地形常出现在梯形构图中，梯形构图顺建筑造型、地形地貌之势而成。

梯形构图（西班牙 consolacion 旅馆建筑）
工具：速写本、会议笔

一字形构图

横向一字形构图一般用于表现具有横向立面形态的空间，或群体建筑空间，如上海外滩、高差较小的群体建筑。一字形构图的画面给人横向构图美感，空间感相对较弱。

一字形构图（中国古建园林）

椭圆形构图

构图形式与建筑形态有关，且须进行艺术处理，如弧形建筑与其水面倒影可形成椭圆形构图。

椭圆形构图（意大利锡耶纳建筑群 Siena）
工具：速写本、会议笔

1.8 建筑风格

建筑风格指在内容和形式方面所反映的建筑特征，主要在于建筑的平面布局、形态构成、艺术处理和手法运用等方面所显示的创意和完美的意境。建筑风格因受时代的政治、社会、经济、建筑材料和建筑技术等的制约，以及建筑设计思想、观点和艺术素养等的影响而有所不同。如在古希腊、古罗马时期有多立克、爱奥尼和科林斯等代表性建筑柱式风格；中古时代有哥特式建筑的建筑风格；文艺复兴后期有运用矫揉奇异手法的巴洛克和纤巧烦琐的洛可可建筑风格等。我国古代宫殿建筑的平面构图形式严谨对称，主次分明，砖墙木梁架结构的飞檐、斗拱、藻井和雕梁画栋等形成中国特有的建筑风格。

流派区分

1. 古希腊建筑风格

古希腊建筑风格的特点主要是和谐、完美、崇高、庄重、典雅，柱式和雕塑是其风格的代表和表现形式。古希腊神庙是这些风格特点的集中体现者，也是整个欧洲最伟大、最辉煌、影响最深远的建筑之一。

古希腊建筑风格的特点在古希腊神庙的各个方面都有鲜明的表现。古希腊的“柱式”，不仅是一种建筑部件的形式，而且是一种建筑规范的风格，这种规范的风格特点是，追求建筑的檐部（包括额枋、檐壁、檐口）及柱子（柱础、柱身、柱头）严格和谐的比例和以人为尺度的造型格式。古希腊最典型、最辉煌、意味最深长的柱式主要有三种，即多立克柱式 (Doric order)、爱奥尼柱式 (Ionic order) 和科林斯柱式 (Corinthian order)。这些柱式，不仅外在形体直观地显示出和谐、完美、崇高的风格，而且其比例规范也体现出和谐与完美的风格。

古希腊建筑风格（文华 绘）
工具：复印纸、会议笔、马克笔

2. 古罗马建筑风格

古罗马建筑风格是古罗马人沿袭亚平宁半岛上伊特鲁里亚人的建筑技术，继承古希腊建筑成就，在建筑形制、技术和艺术方面广泛创新的一种建筑风格。古罗马建筑在公元一至三世纪为极盛时期，达到西方古代建筑的高峰。

古罗马建筑的类型很多。有罗马万神庙、维纳斯和罗马神庙 ，以及巴尔贝克太阳神庙等宗教建筑，也有皇宫、剧场、角斗场、浴场及广场和巴西利卡（长方形会堂）等公共建筑。居住建筑有内庭式住宅、内庭式与围柱式院相结合的住宅，还有四层、五层公寓式住宅。

古罗马建筑风格（意大利罗马竞技场）
工具：速写本、会议笔

3. 欧洲中世纪建筑风格

哥特式建筑风格是一种兴盛于中世纪高峰与末期的建筑风格。哥特式建筑由罗曼式建筑发展而来，为文艺复兴建筑所继承。哥特式建筑发源于十二世纪的法国，持续至十六世纪，在当时普遍被称作“法国式”（Opus Francigenum），“哥特式”一词则于文艺复兴后期出现，带有贬义。哥特式建筑的特色包括尖形拱门、肋状拱顶与飞拱。

欧洲中世纪建筑风格（伊斯坦布尔的圣索菲亚大教堂）
工具：速写本、会议笔

欧洲中世纪建筑风格（伊斯坦布尔的圣索菲亚大教堂）
工具：速写本、会议笔、马克笔

4. 文艺复兴建筑风格

文艺复兴建筑（Renaissance architecture）风格是欧洲建筑史上继哥特式建筑之后出现的一种建筑风格。十五世纪产生于意大利，后传播到欧洲其他地区，形成了有各自特点的各国文艺复兴建筑。意大利文艺复兴建筑在文艺复兴建筑中占有最重要的位置。

文艺复兴建筑风格是 15—19 世纪流行于欧洲的建筑风格，有时也包括巴洛克建筑和古典主义建筑．起源于意大利佛罗伦萨。在理论上以文艺复兴思潮为基础；在造型上排斥象征神权至上的哥特式建筑风格，提倡复兴古罗马时期的建筑形式，特别是古典柱式比例、半圆形拱券，以及以穹隆为中心的建筑形体等。例如，意大利佛罗伦萨美第奇府邸、维琴察圆厅别墅等。

文艺复兴建筑风格（意大利佛罗伦萨圣母百花大教堂）
工具：速写本、会议笔、马克笔、油漆笔

5. 新古典主义建筑风格

新古典主义的设计风格其实就是经过改良的古典主义风格。一方面保留了材质、色彩的大致风格，仍然可以让人们强烈地感受传统的历史痕迹与浑厚的文化底蕴；另一方面摒弃了过于复杂的肌理和装饰，简化了线条。

在新古典主义灯具的设计方面，将古典的繁杂雕饰进行简化，并与现代的材质相结合，呈现出古典而简约的新风貌，是一种多元化的思考方式。将怀古的浪漫情怀与现代人对生活的需求相结合，兼容华贵典雅与时尚现代，反映出后工业时代个性化的美学观念和文化品位。

文艺复兴建筑风格（美国丹佛商业街建筑）
工具：复印纸、会议笔、马克笔

文艺复兴建筑风格（美国科罗拉多州丹佛大学建筑）
工具：复印纸、会议笔、马克笔

6. 现代主义建筑风格

现代派建筑产生于 19 世纪后期，成熟于 20 世纪 20 年代，在 20 世纪五六十年代风行于全世界，是 20 世纪中叶在西方建筑界居主导地位的一种建筑。代表思想主张建筑师摆脱传统建筑形式的束缚，大胆创造符合工业化社会的条件和要求的崭新建筑，运用新材料、新技术，设计适应于现代生活的建筑。现代派建筑外观宏伟壮观，很少使用装饰元素。整体建筑干净利落，具有鲜明的理性主义和激进主义色彩。

现代主义建筑风格（挪威，INSPIRIA 科技中心建筑）
工具：速写纸、速写笔

现代主义建筑风格（萨伏伊别墅）
工具：速写本、会议笔、马克笔

7. 后现代主义建筑风格（后现代派）

20 世纪 60 年代以来，在美国和西欧出现了反对或修正现代主义建筑的思潮。第二次世界大战结束后，现代主义建筑成为世界许多地区占主导地位的建筑潮流。1980 年至今，现代主义建筑在建筑设计中重新运用了装饰花纹和色彩，以折中的方式借鉴不同时期具有历史意义的局部设计形式，但不复古。美国建筑师斯特恩提出后现代主义建筑有三个特征：采用装饰，具有象征性或隐喻性，与现有环境融合。

一般认为提出后现代主义完整指导思想的人是文丘里，虽然他本人不愿作为后现代主义者，但他的言论在启发和推动后现代主义运动发展方面，具有极重要的作用。

后现代主义建筑风格（跳舞的房子，又名“弗莱德与琴吉的房子”，Fred and Ginger）
工具：复印纸、会议笔

后现代主义建筑风格（跳舞的房子，又名“弗莱德与琴吉的房子”，Fred and Ginger）
工具：复印纸、会议笔、马克笔、油漆笔

方式区分

1. 哥特式建筑风格

哥特式建筑风格盛行于 12—15 世纪，是历时 140 年左右，产生于法国的欧洲建筑风格，以宗教建筑为多。哥特式建筑的主要特点是高耸的尖塔、超人的尺度和繁缛的装饰，形成统一向上的旋律。整体风格为高耸消瘦，以卓越的建筑技艺表现了神秘、哀婉、崇高的强烈情感，对后世其他艺术均有重大影响。

哥特式建筑风格（德国科隆大教堂， Hohe Domkirche St.Peter und Maria）
工具：铜版纸、马克笔

2. 巴洛克建筑风格

巴洛克建筑风格于 17 世纪起源于意大利的罗马，后传至德、奥、法、英、西、葡，直至拉丁美洲的殖民地。它是 17—18 世纪在意大利文艺复兴建筑基础上发展起来的一种建筑装饰风格。其特点是外形自由、动态感强、装饰和雕刻富丽、色彩强烈，常用穿插的曲面和椭圆形空间。它几乎是最为讲究华丽、装饰的一种建筑风格，即使过于烦琐，也要刻意追求。它能用直观的感召力给教堂、府邸的使用者以震撼感。

巴洛克建筑风格（从圣彼得大教堂俯瞰罗马宫城彩稿）
工具：复印纸、会议笔、复印铜版纸、马克笔

3. 洛可可建筑风格

1750—1790 年，洛可可建筑风格被称为“路易十五式”，主要起源于法国，代表了巴洛克风格的最后阶段，主要特点是大量运用半抽象题材的装饰。洛可可建筑风格的基本特点是纤弱娇媚、华丽精巧、甜腻温柔、纷繁琐细。由于这个期的建筑变化主要体现在室内装饰与陈设上，因此建筑界并不认为这是一种建筑风格，而将其看作一种有特色的装饰风格。

4. 园林建筑风格

园林建筑风格从 20 世纪 70 年代开始流行，在深圳被当作概念炒作，其特点是通过环境规划和景观设计，栽植花草树木，提高绿化率，并围绕建筑营造园林景观。

洛可可建筑风格（德国德累斯顿茨温格宫，Zwinge，张晶 绘）
工具：会议笔、复印纸、马克笔、油漆笔

园林建筑风格（中国古建筑园林）
工具：复印纸、会议笔、马克笔、油漆笔

5. 木条式建筑风格

木条式建筑风格是一种纯欧美民居风格，主要特点是运用水平式、木架骨的结构。

| 木条式建筑风格（挪威海达尔木板教堂）
工具：会议笔、速写本、马克笔

2

材料材质
表现技法与运用

表现材料材质的特点、细节、肌理是建筑师设计创意、实际应用的重要环节

MATERIAL EXPRESSION

2.1 木材材质手绘技法

木材的优点是重量轻、强度高（顺纹抗压强度较高），具有弹性和韧性，易于着色、油漆、加工等；缺点是易变性、易腐、易燃，各方向强度不一致，木材具有较强的吸湿性，易湿胀和干缩，燃点低。

在建筑、室内、外部景观环境中，木材常被用作顺纹受压构件及受弯构件，将其按用途和加工程度分为原条、原木、锯材三类。

在设计过程中，用手绘表达木材纹理时首先要了解其特点，木材体内轴向分子排列方向分为直纹理、斜纹理、螺旋纹理、波形纹理和交错纹理等类型。因此，在手绘线稿表达过程中应注意纹理走向、轻重缓急，在马克笔着色时应注意色彩的微妙变化，着色顺序应由浅入深。

木材材质实景图例

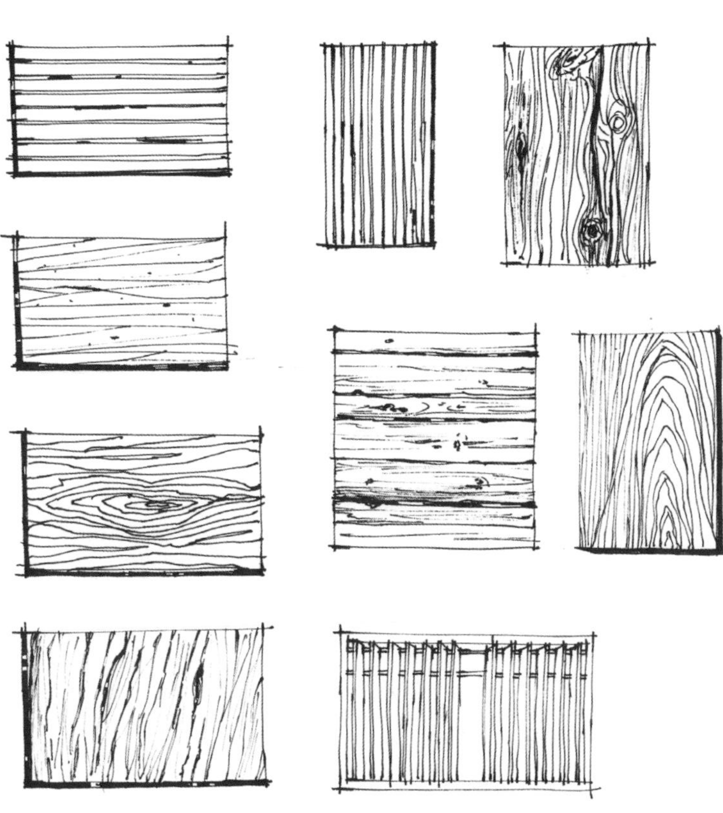

木材材质手绘线稿

木质纹理：主要运用横向或竖向线条来表现木质纹理，中间用双线区分木材拼接的间隔，在间隔部分偶有加重、加粗笔触，再配上马克笔颜色的深浅渐变来表现其质感。通过木质纹理可以表现出不同树木年轮纹理走向的变化，绘制纹理时主要采用侧笔去画，充分运用手对笔的轻重压力，才能产生虚实、疏密、断续的纹理质感，再融入马克笔颜色、笔触的深浅搭配，效果更佳。

木材材质手绘彩稿一

木材材质手绘彩稿二

木材材质运用案例（意大利 slow horse 酒店）

工具：复印纸、会议笔、马克笔

木材材质运用案例（美国华盛顿 benning 图书馆）

工具：复印纸、会议笔、马克笔、油漆笔

2.2 石材材质手绘技法

石材是一种常用的建筑装饰材料，广泛应用于室内外装饰及环境设计中。市面上常见的石材主要是天然石材和人造石材。天然石材按照物理、化学特性分为板岩和花岗岩，人造石材按照工序分为水磨石和合成石。

石材纹理自然、变化丰富、色彩多样且质感厚重，给人一种庄严雄伟的艺术美感。

石材纹理线稿：（1）纹理走向应有节奏感，纹理不宜过于均匀，有疏密的变化才会显得自然，画这样的线条时应使用侧笔，笔触应注意轻重缓急，纹理粗的地方，笔的倾斜角度要小一些，力度略大，个别纹理粗的地方要重复绘制，纹理细的地方，笔的倾斜角度要大一些，力度小一些，甚至有消失的感觉；（2）石材给人坚硬的感觉，纹理转折处的笔触要显得干脆，如“V”字形、“之”字形走向的笔触。

石材纹理着色：（1）仔细观察石材颜色明暗、冷暖的变化，进行色彩分析，依据实物的特点着色，既要丰富，又要统一，明暗转折处运用对比强的笔触体现体积关系，注意色彩的过渡与对比；（2）石材着色顺序为由浅入深、由主到次（先画主色调，适当留白，再画附属色，最后画点缀色），这样才会让石材纹理显得更加自然生动。

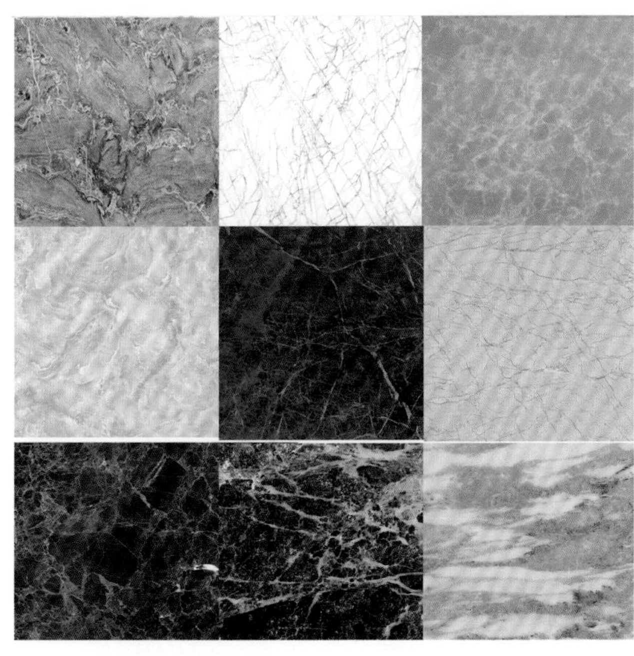

石材材质实景图例

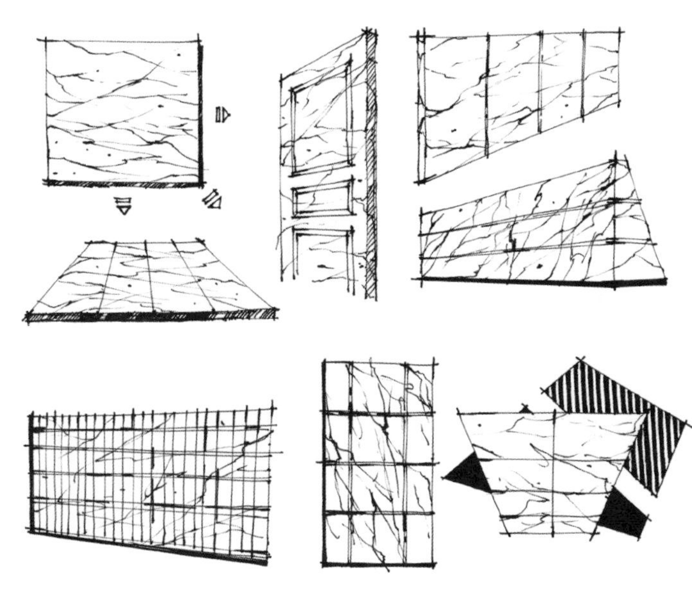

石材材质手绘线稿

石材材质手绘彩稿

石材材质运用案例（德国柏林教堂）

工具：复印纸、会议笔、马克笔、油漆笔

石材材质运用案例（捷克布拉格建筑）

工具：铜版纸、会议笔、马克笔

2.3 碎石拼接手绘技法

碎石常用于建筑外墙、景观铺装，碎石材料给人以棱角分明、坚硬的感觉，又不失质朴、自然之美，可拼接出多种造型纹样。

碎石拼接线稿: 用线表达碎石拼接时，转折处要显得干脆、肯定; 碎石的体块大小不等，拼接形式要错落有致，拼接的缝隙大小基本一致，在空间透视中整体遵循近大远小的原则。

碎石拼接着色: （1）碎石拼接在大面积的场景中运用时，应注意色彩的统一和变化，着色时要注意色彩虚实、冷暖、层次的微妙变化，色彩单一时可融入环境色；（2）着色顺序为由浅入深、由主到次（先画主色调，适当留白，再画附属色，最后画点缀色），这样，碎石拼接描绘才会更加自然生动。

碎石拼接实景图例一

碎石拼接实景图例二

碎石拼接实景图例三

碎石拼接手绘表现

碎石拼接手绘彩稿

碎石拼接运用案例（韩国杰克·尼克劳斯高尔夫俱乐部）
工具：复印纸、会议笔

碎石拼接运用案例
工具：复印笔、会议笔、马克笔

2.4 砖材质手绘技法

砖是传统的砌体材料。建筑常用的人造小型块材，分为烧结砖（主要指黏土砖）和非烧结砖（灰砂砖、粉煤灰砖等），俗称砖头。黏土砖以黏土为主要原料，经泥料处理、成型、干燥和焙烧而成。砖由以黏土为主要原料逐步向利用煤矸石和粉煤灰等工业原料发展，同时由实心向多孔、空心发展，由烧结向非烧结发展。

砖的线稿画法：用线条表现砖的形体时，通常有两种表现方式，一是整体画法，根据砖的基本比例、拼接方式，主要表现横线与竖线的错落形式，在空间中，砖与砖之间的缝隙应体现出由双线到单线的变化，这种画法的优点是速度快；二是单个砖画法，缺点是速度慢，优点是可表现砖的精致感。

砖的着色画法：砖在色彩上通常分为红砖、青砖，不同的光照、环境、时间会让砖的色彩产生变化。给红砖着色时要有黄、橘黄、橘红、红、暗红，甚至要有木色等色彩的变化与融合；给青砖着色时要注意环境色的变化，通常青砖带有微冷灰色，细看带有淡淡的蓝灰色，如在暖光源照射下会出现轻微的暖灰色，或呈现冷暖色调之间的融合。着色顺序为先整体后局部。

砖材质实景图例一

砖材质实景图例二

砖材质手绘线稿

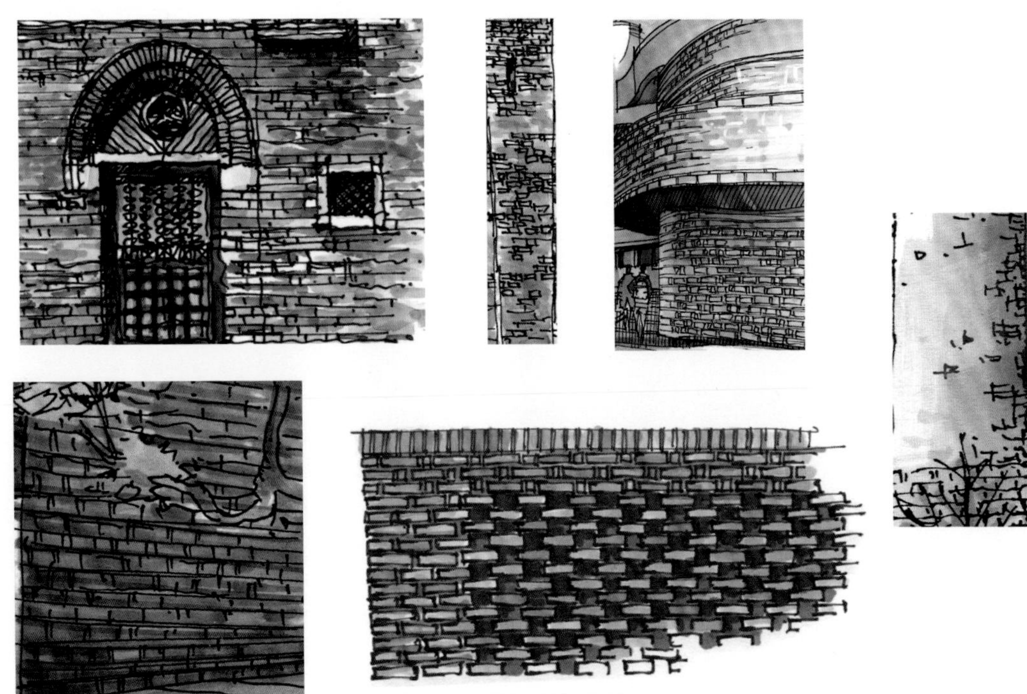

砖材质手绘彩稿

砖材质运用案例
工具：复印纸、会议笔、马克笔

砖材质运用案例（现代建筑手绘彩稿）
工具：复印纸、会议笔、马克笔、油漆笔

2.5 混凝土材质手绘技法

混凝土简称“砼”，是由胶凝材料将集料胶结成整体的工程复合材料的统称。通常混凝土一词是指用水泥做胶凝材料，砂、石做集料，与水（可含外加剂和掺合料）按一定比例配合、加工而成的水泥混凝土，广泛应用于土木工程。

混凝土按照表观密度分为重型混凝土、普通混凝土、轻质混凝土；按照定额分为普通混凝土和抗冻混凝土；按照使用功能分为结构混凝土、保温混凝土、装饰混凝土、防水混凝土、耐火混凝土、水工混凝土、海工混凝土、道路混凝土、防辐射混凝土等。

混凝土线稿：线稿相对简单，一般不加修饰，必要时拉缝分割或画点、画三角号、画斜线，主要通过着色出效果。

混凝土着色：混凝土一般呈灰色，彩色混凝土应用较少，着色时以冷灰、暖灰色调为主，混凝土给人生冷坚硬的感觉，运用马克笔洒脱的排笔方式较为适合，当混凝土结构的建筑物经历时间、温度、湿度等作用而形成特殊的局部肌理时，用色笔触要有变化，多用融合笔触，注意色彩深浅的细微变化。

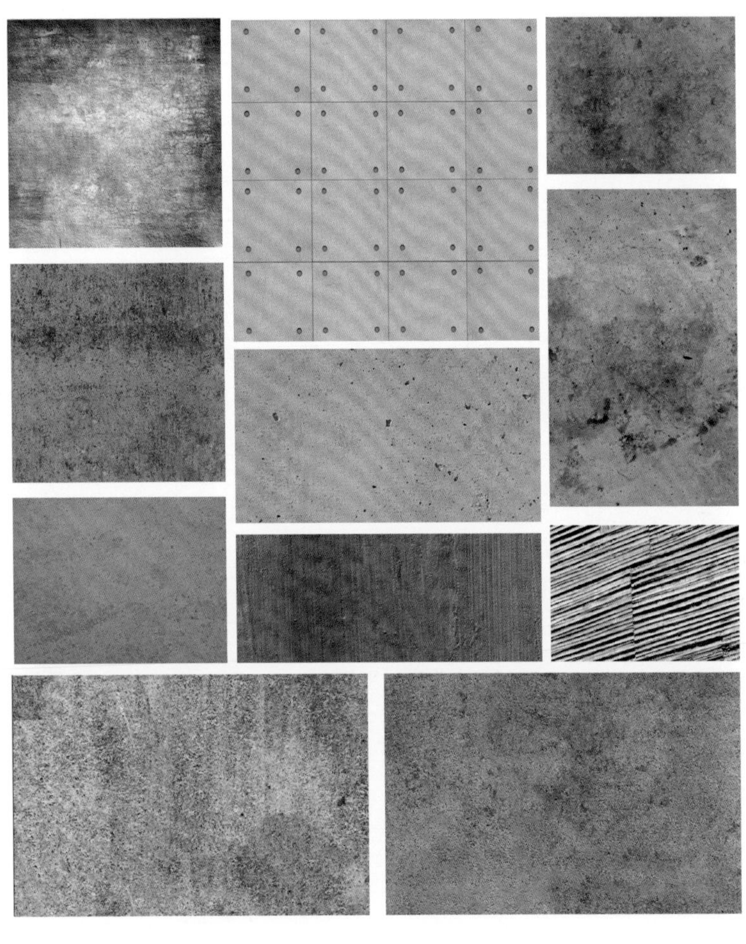

混凝土实景图例一

混凝土实景图例二

混凝土手绘表现

混凝土手绘彩稿

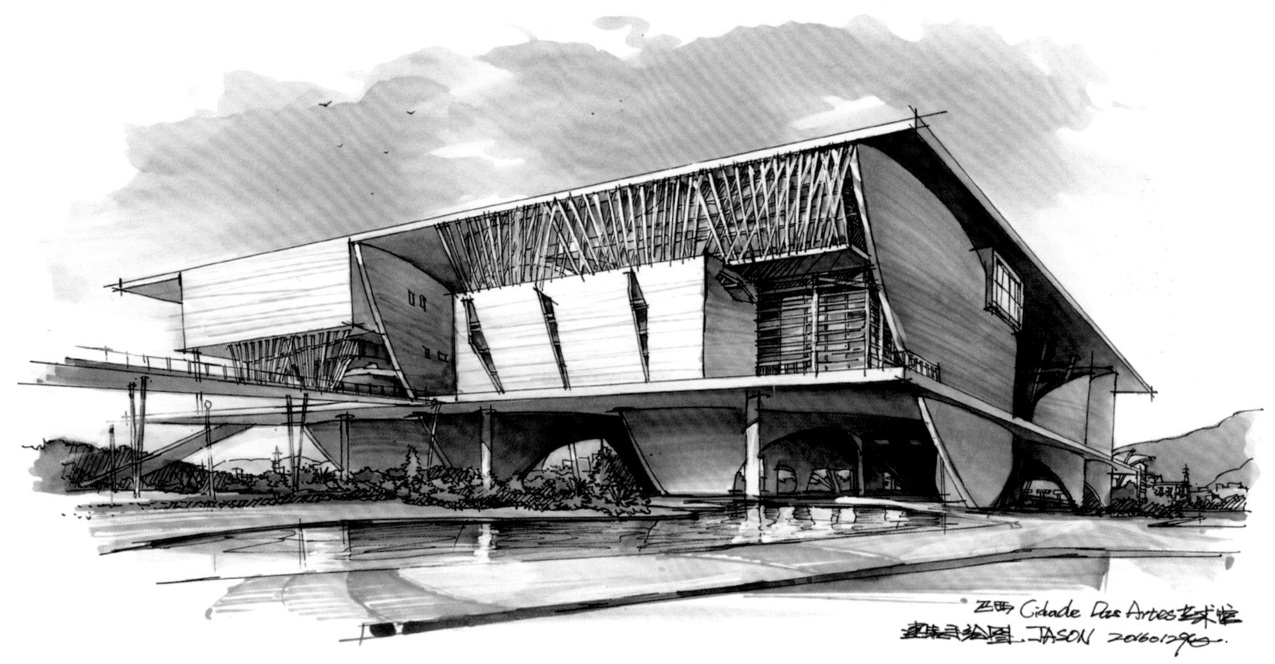

混凝土材质运用案例（巴西 Cidade Das Artes 艺术馆）
工具：复印纸、会议笔、马克笔、油漆笔

混凝土材质运用案例（以色列特拉维夫艺术博物馆）
工具：复印纸、会议笔、马克笔、photoshop 软件

2.6 玻璃材质手绘技法

玻璃是以多种无机矿物为主要原料，加入少量辅助原料制成的，广泛应用于建筑物中，用来隔风透光，属于混合物。另有混入了某些金属的氧化物或者盐类而显现出颜色的有色玻璃，以及通过特殊方法制得的钢化玻璃等。

玻璃线稿：通过线稿可以表达玻璃透明、反光、产生倒影的材质特点，质感的表达常用斜向的快速线及修正液的笔触。

玻璃着色：常见的玻璃是无色的，一般情况下光线反射到玻璃上会呈现出或深或浅的蓝色，阴天的玻璃呈现冷灰色，傍晚的灯光、晚霞会让玻璃呈现出蓝、紫、黄等色彩的渐变。灰色玻璃着色时采用色号为 269、271 的马克笔及修正液等，如有周边构筑物着色反光应加深灰色；蓝色玻璃着色时采用色号为 239、240 的马克笔及修正液，或加点灰色；夕阳反射玻璃着色时采用色号为 1、220、209、239、240 等的马克笔；夜景玻璃着色时主要体现室内灯光的色调，如采用色号为 1、219、158 等的马克笔，还可融合室内物体的颜色。

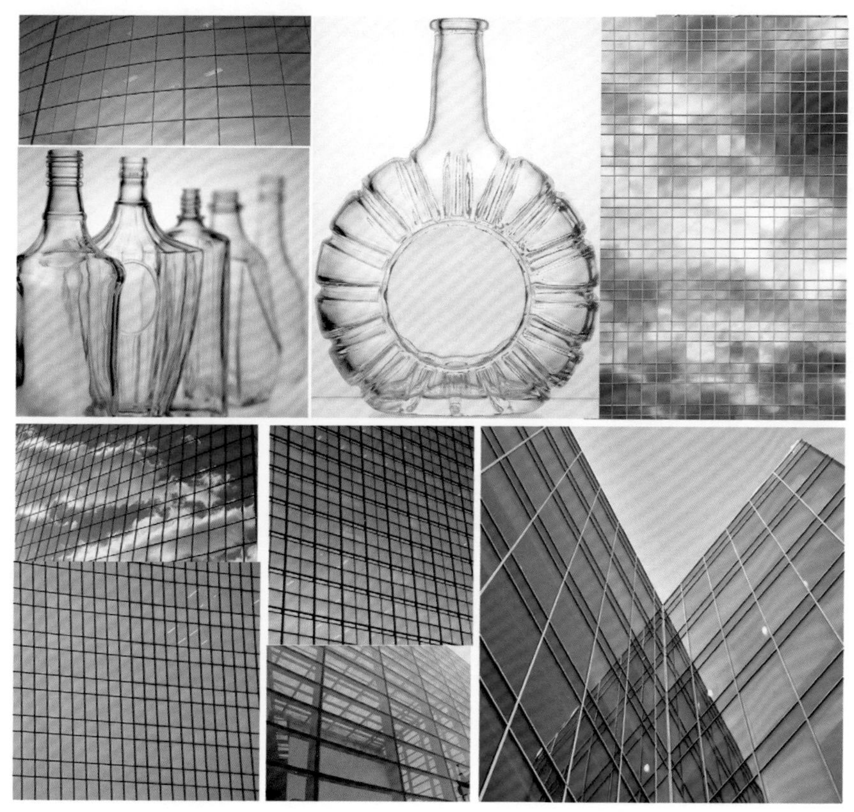

玻璃材质实景图例一

玻璃材质实景图例二

玻璃材质手绘表现

玻璃材质手绘彩稿

玻璃材质运用案例一

工具：复印纸、会议笔、马克笔、油漆笔

玻璃材质运用案例二

工具：复印纸、会议笔、马克笔、油漆笔

2.7 灯光照明手绘技法

伴随社会的发展，灯光设计越发重要，照明亮化设计成为一门重要的学科，在设计过程中可以通过手绘推敲表达光线。

灯光着色顺序为由浅入深; 常用颜色为白色(留白或用白色修正液)、1 号淡黄、2 号黄色、220 或 219 号橘黄、158 号橘红、215 号大红; 一般情况下，灯光的周围都是深色调，天空颜色一般是降低饱和度的深蓝色或蓝紫色，地面颜色通常是蓝紫色的深色冷灰或深咖色的暖灰，周边物体的环境色也会对灯光的色彩产生影响，着色时考虑这些因素才能突出灯光的特点; 灯光周围环境越暗，灯光本身就越亮。

灯光照明实景图例

灯光照明手绘表现

灯光照明运用案例（意大利 Vidre Negre 办公大楼 ）
工具：复印纸、草图笔、马克笔

灯光照明运用案例（教育建筑——挪威 INSPIRIA 科技中心建筑）
工具：复印纸、会议笔、马克笔、油漆笔

3

建筑配景手绘技法

配景在空间中能延伸空间层次，丰富建筑场景氛围，起到锦上添花的作用

ARCHITECTURE SCHEME

3.1 植物手绘表现

在手绘表现中通常把植物分为平面植物和空间植物，空间植物又分为灌木和乔木。在建筑手绘中植物作为配景更能体现建筑周边的环境、色彩的变化、季节的变化，在景观手绘中植物就更加重要了，甚至可以说植物是景观设计中的主体，可见植物手绘的学习很重要。

平面植物画法

基础：要把平面植物画好，“圆”的练习必不可少，先画圆，再变形，放松去画。

大小：由于在设计过程会令使用不同平面比例，植物的平面大小也不同，因此不同大小的圆都要练习。

形式：平面植物有三种组合形态，即错落、交错、平行。

种类：平面植物的画法有很多种，各种造型都要练习，同时应建立自己的平面植物分类系统，不同的造型代表不同种类的植物。

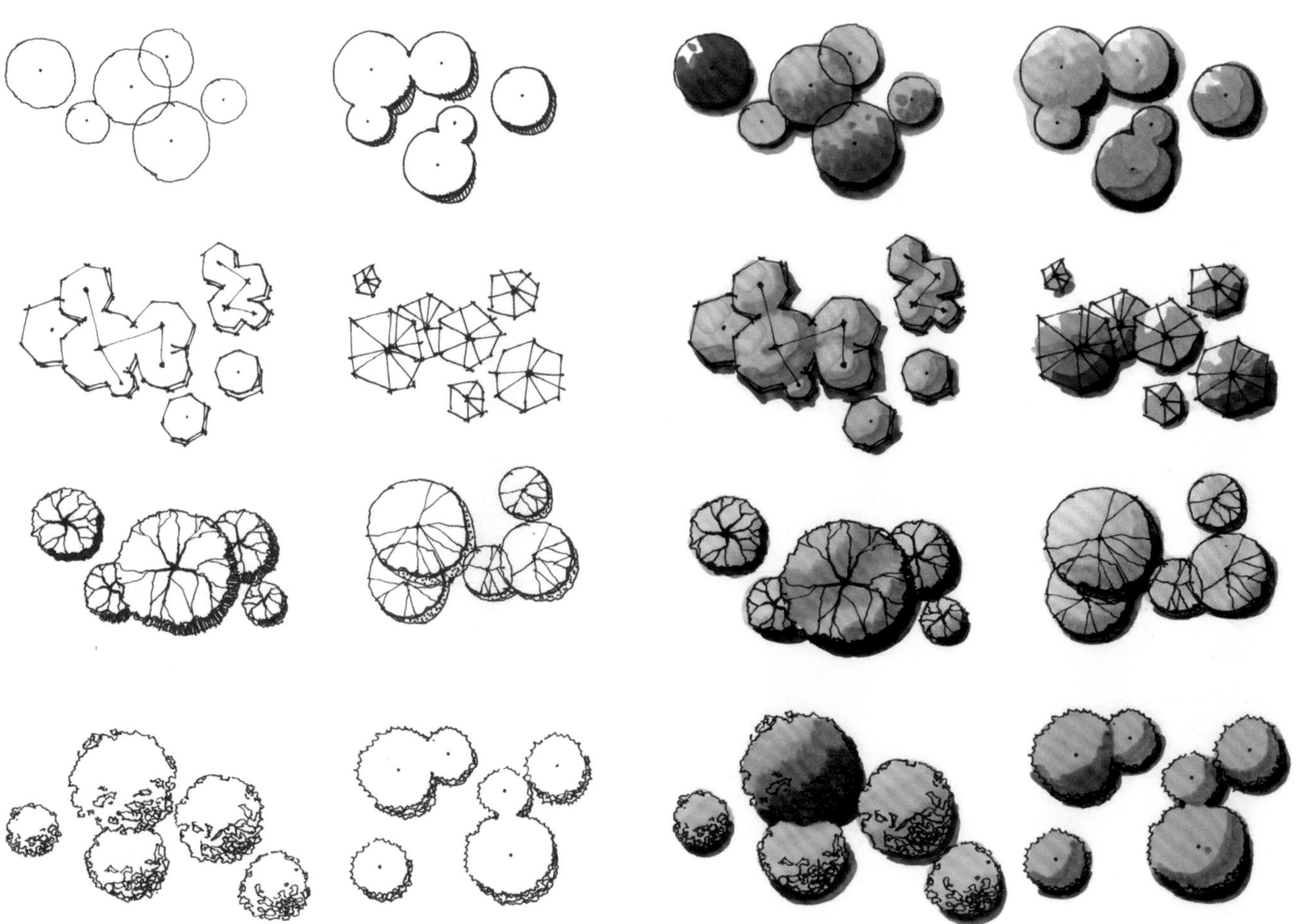

平面植物手绘表现一

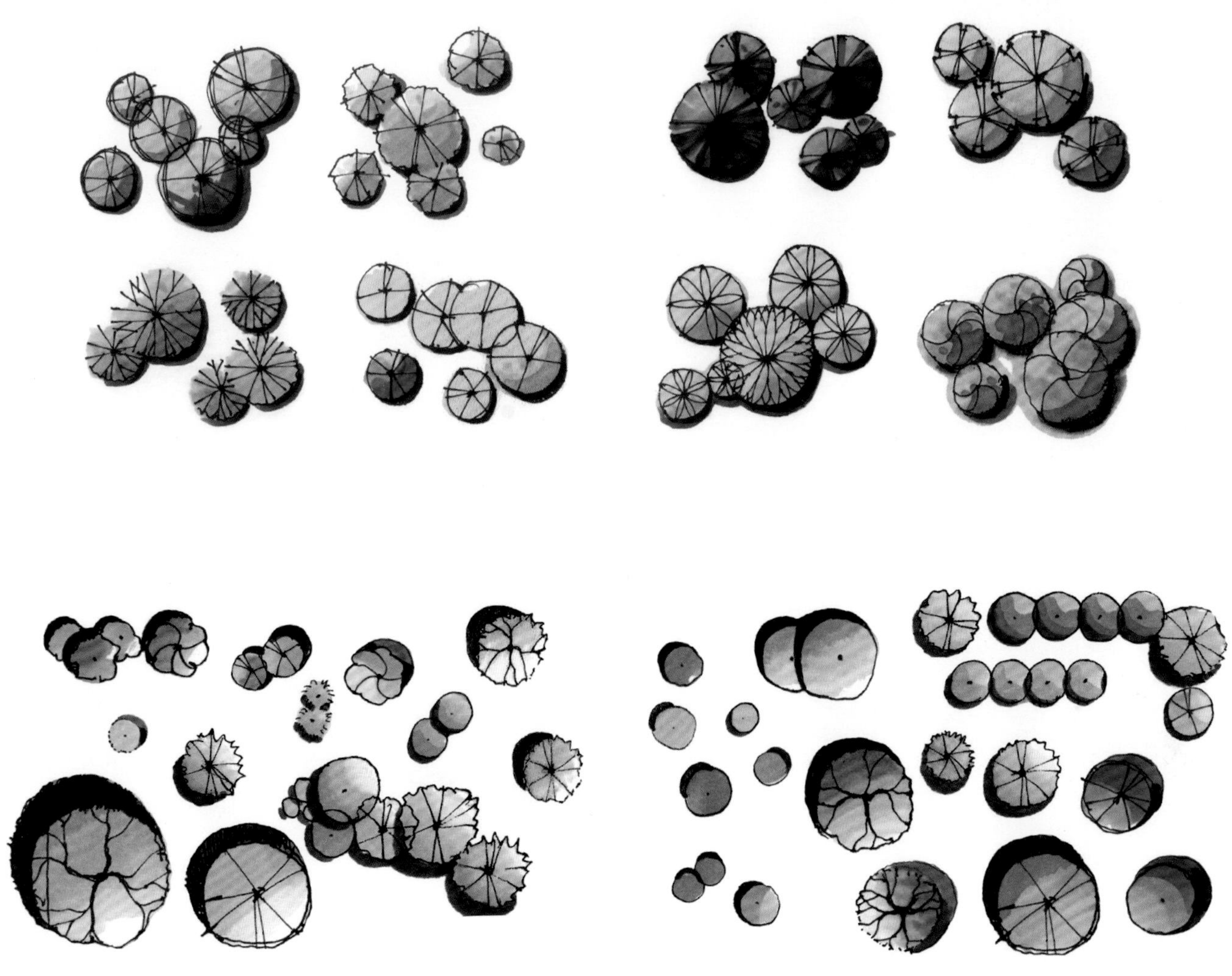

平面植物手绘表现二

绘制植物的要点

比例： 树叶与树干之间上下、左右的比例要协调。

树形： 所谓树形是指树的外轮廓的形状，要把植物的外轮廓画好，除了练习，还要多观察我们身边的植物（居住小区、道路两旁、公园的植物），以及南北方植物的变化等。

树杈： 树杈要画得自然，有变化，主体树干两边的树杈尽量不要对称，要有慢慢变细、错落的变化。

元素： 植物外轮廓的线条样式有内弧线、外弧线、不规则线、硬朗线、随意线等。

墨线： 画墨线是对树形、树杈矫正、细化的过程。

乔木细致画法

乔木手绘表现

乔木手绘表现着色对比一

乔木手绘表现着色对比二

乔木边角树手绘表现一

乔木边角树手绘表现二

灌木植物手绘表现着色对比

灌木植物手绘表现一线稿

灌木植物手绘表现一彩稿

灌木植物手绘表现二线稿

灌木植物手绘表现二彩稿

连笔画法　组合画法　错落画法　单笔画法

前后画法　快速画法　简约画法　精细画法

椰树手绘表现

植物干枝手绘技法

（1）干枝给人的感觉比较坚硬，线条转折处要显得干脆、硬朗，多用肯定的折线，也要融入放松的自然线。

（2）干枝树杈之间要错落有致，树杈之间要有前后遮挡、粗细变化，才能更好地营造空间关系。

（3）树枝是向上生长、向外延伸的，随着树干慢慢变细，树杈会随之增多。

乔木干枝手绘表现

3.2 人物手绘表现

人物在手绘表现中通常有静态与动态之分、夸张与原形态之分，在建筑与景观手绘中人物的表现算是一个难点，有人物速写基础的相对容易掌握，没有绘画基础的除了需要进行一定数量的练习，还要多观察现实生活中人物的形态、关节的转折、服装的变化等。

一般情况下，静态人物的双脚处于同一条水平线上，当然，静止、坐在座椅上的人物例外；动态人物的双脚、手臂前后错落，这样能表现出人物在运动。人物的夸张表现是设计师常用的表现形式，一般是夸张人体躯干的比例，如头很小、身子很大、腿短且粗等特点。原形态人物手绘表达是指尽量按照人物各部位的正常比例形态还原。

人物手绘表现一

| 人物手绘表现二

人物手绘表现三

远景人物手绘表现

3.3 车、船、飞机的手绘表现

车、船、飞机作为建筑、景观手绘效果图中的配景，可以起到丰富画面、平衡构图、搭配主体、营造整体氛围的作用。通过绘制车、船、飞机可以体现个人手绘功底。有时候车、船、飞机比建筑的画法更难掌握，因为绘制这些物体时弧线用得比较多，线条、比例等因素都会影响其效果。

绘制车、船、飞机的要点如下所示。

形体：在画车、船、飞机之前，可以先把它们的形体看作长方体或正方体，再在块体里进行分割，画出轮廓、细部。

比例：对于车、船、飞机的比例，要把握其特点，在实际生活中多观察。由于这些单体在整体的建筑环境中占比较小，比例容易出现问题，因此要尽量避免类似的情况。

意大利米兰有轨电车手绘表现

透视：以主体建筑、景观环境透视为主，遵循近大远小的基本规律，不必让透视效果过于强烈。

主次细节：注意细节的刻画、前后的主次关系。

线条：用线一定要干脆利落，不要去描线，弧线要画得圆融顺畅。

汽车手绘表现一

汽车手绘表现二

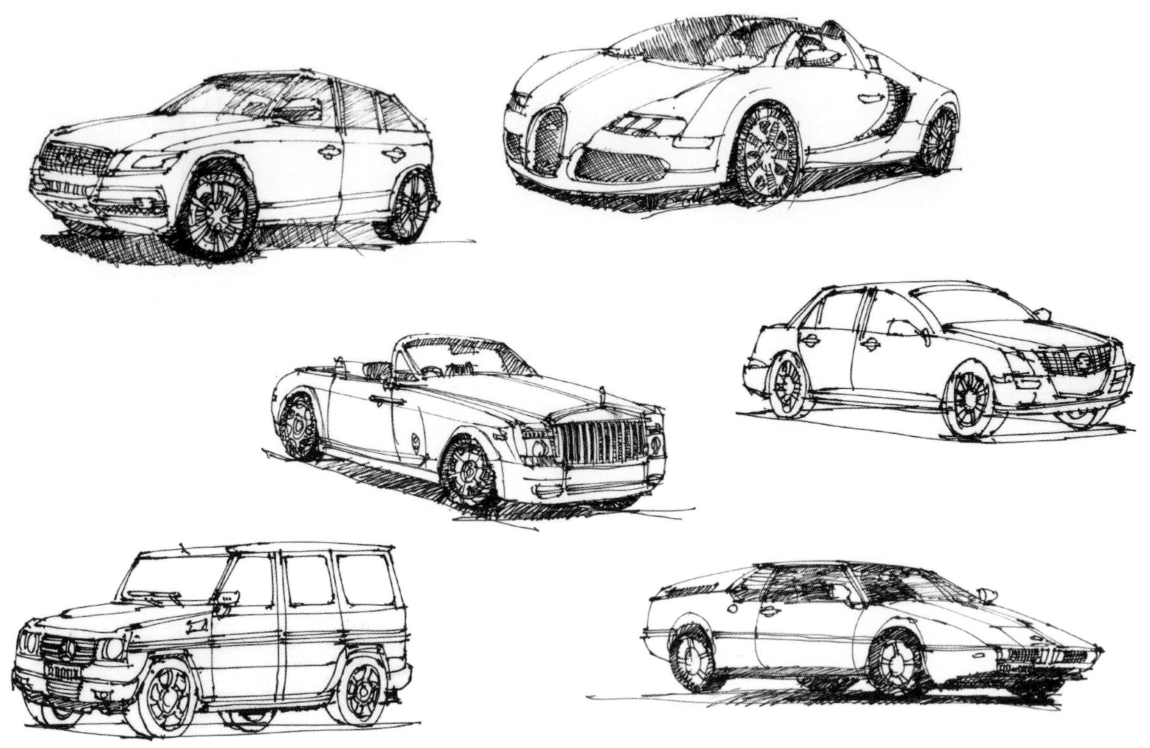

汽车手绘表现三

汽车手绘表现四

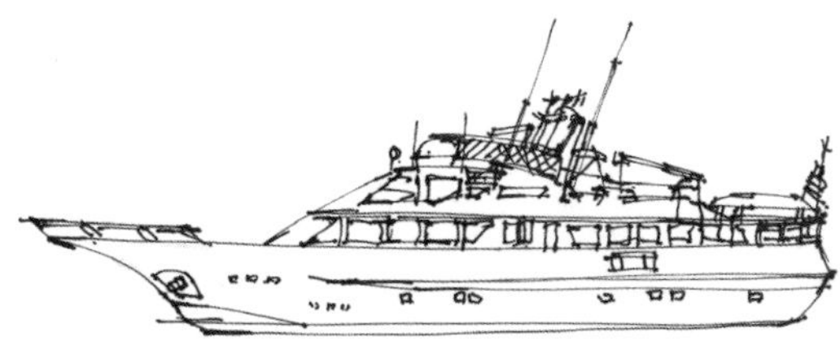

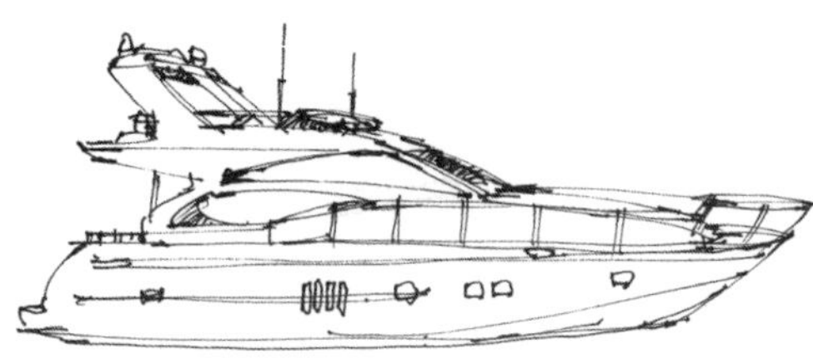

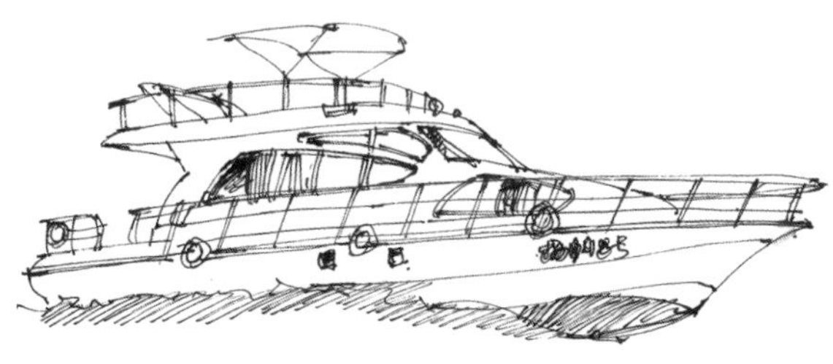

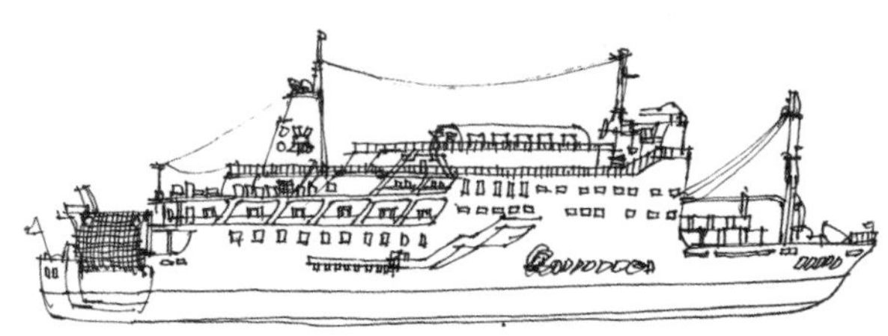

船手绘表现

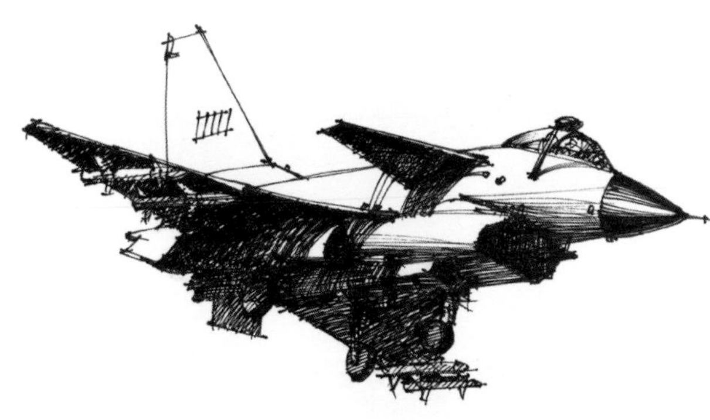

飞机手绘表现

3.4 道路铺装、雕塑、石头、山体手绘表现

道路铺装、雕塑、石头、山体等道路配景主要用于建筑环境、景观手绘效果图表现中，这些都是不可缺少的造园元素，这些素材能很好地烘托设计者所要表达的意境和设计意图。

道路铺装：铺装是指运用各种材料进行的地面铺砌装饰，包括建筑周边绿地、园路、广场等活动场地。铺装不仅具有组织交通和引导游览的功能，还为人们提供了良好的休息、活动场地，同时创造了良好的地面环境，给人以美的享受。

用手绘表达道路铺装时要注意材料色彩、质感、形状、尺度、高差及边界的特点，牢记“近大远小”的透视原理，画道路时可以运用不同的材质特点、纹理走向、铺装规律、构图方式，更好地实现道路铺装的各项功能，体现功能的实用性与艺术美感。

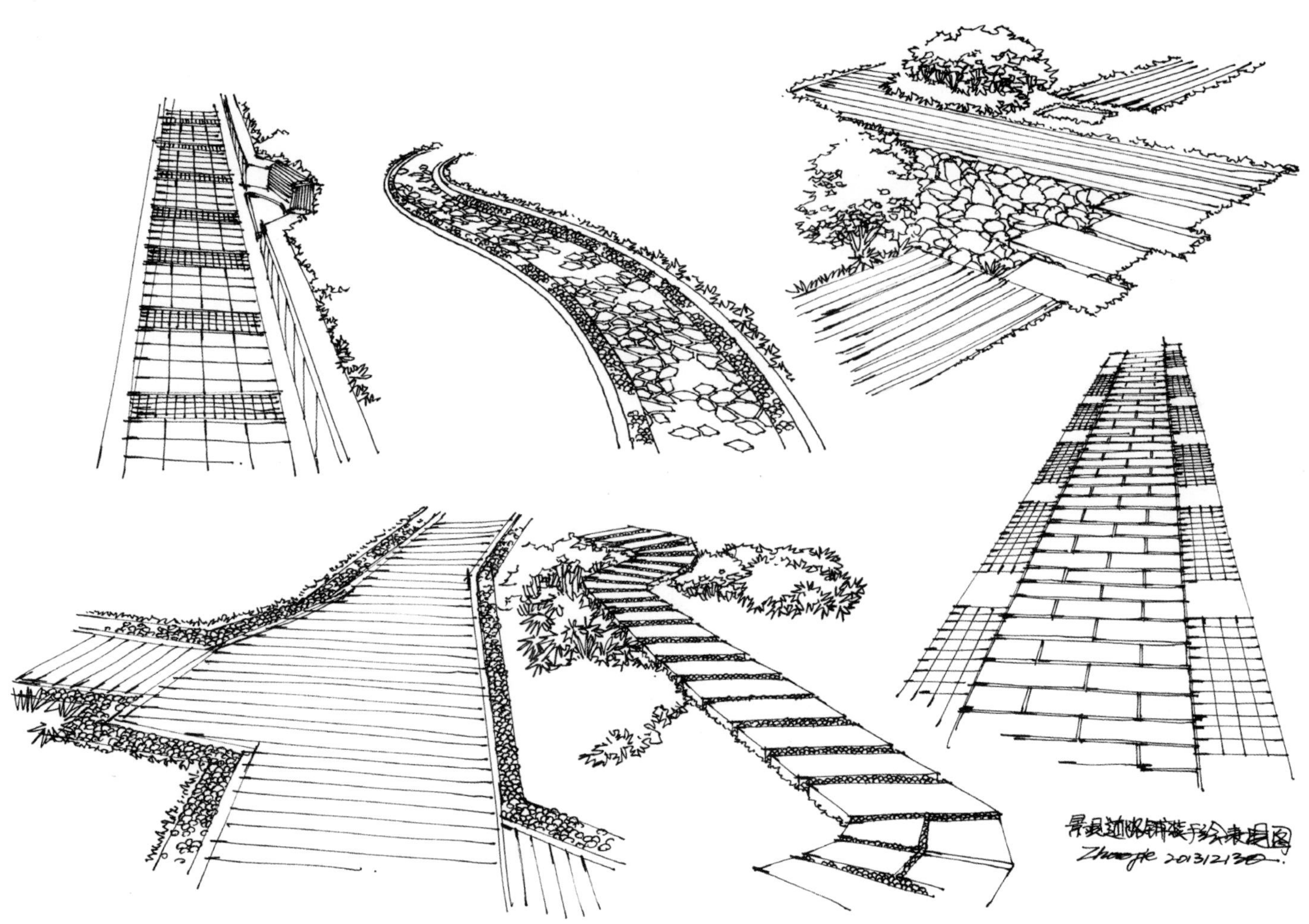

道路铺装手绘表现

雕塑： 雕塑指为美化城市或用于纪念意义、标识意义而雕刻塑造，具有一定寓意、象征或象形的观赏物和纪念物。雕塑是造型设计艺术的一种。

雕塑的种类繁多，材质多样，在生活中应多注意观察其造型、材料质感。雕塑的表现手法多样，例如，概括、细致的表现手法。概括的表现手法是指用最简练的线条把雕塑的形态表现出来。运用细致的表现手法时，要注意排线、明暗的变化。

雕塑手绘表现一

雕塑手绘表现二

石头、山体：画石头、山体时，用线要“方”“圆”结合，有虚实节奏感，笔触多用“之”字形、“V”字形，可以借助国画中一些画山石的运笔方法。例如，通过线条的轻重转折来表现，首先勾勒出轮廓，然后再画侧峰。运笔方向可以从上而下，也可以从下到上，灵活运用。画一组山石的时候，要注意石块与石头之间的疏密、远近和相互关系。

不同山石的表现手法，可以表达出不同种类的山石特点，例如，千层石、太湖石等可以通过不同的画法表现出来。对于不同的水景，用笔也都是不一样的。

石头、山体手绘表现线稿

石头、山体手绘表现彩稿

3.5 指示牌、清洁箱、游乐设施手绘表现

指示牌、清洁箱、游乐设施等材料运用丰富、款式多样，手绘时除了多观察其造型，对其功能特点的理解、材料特点的描绘也很重要。

指示牌不仅具有引导方向的功能，不同的造型在景观环境中也具有很强的艺术美感。清洁箱除了具有使用功能，还要在外观造型上迎合整体设计造型、色彩氛围等。

居住小区通常有专门供小孩游玩、大人锻炼的一些设施器材，器材区域的设计也就成了现代建筑、景观设计师的一大设计重点。另外，由于现代的游乐设施种类繁多，结构及材质多种多样，游乐设施手绘成为设计表现的一大难点。那么，如何把游乐设施画好呢？要仔细观察器材的比例，弯曲转折的地方用线要流畅圆润。

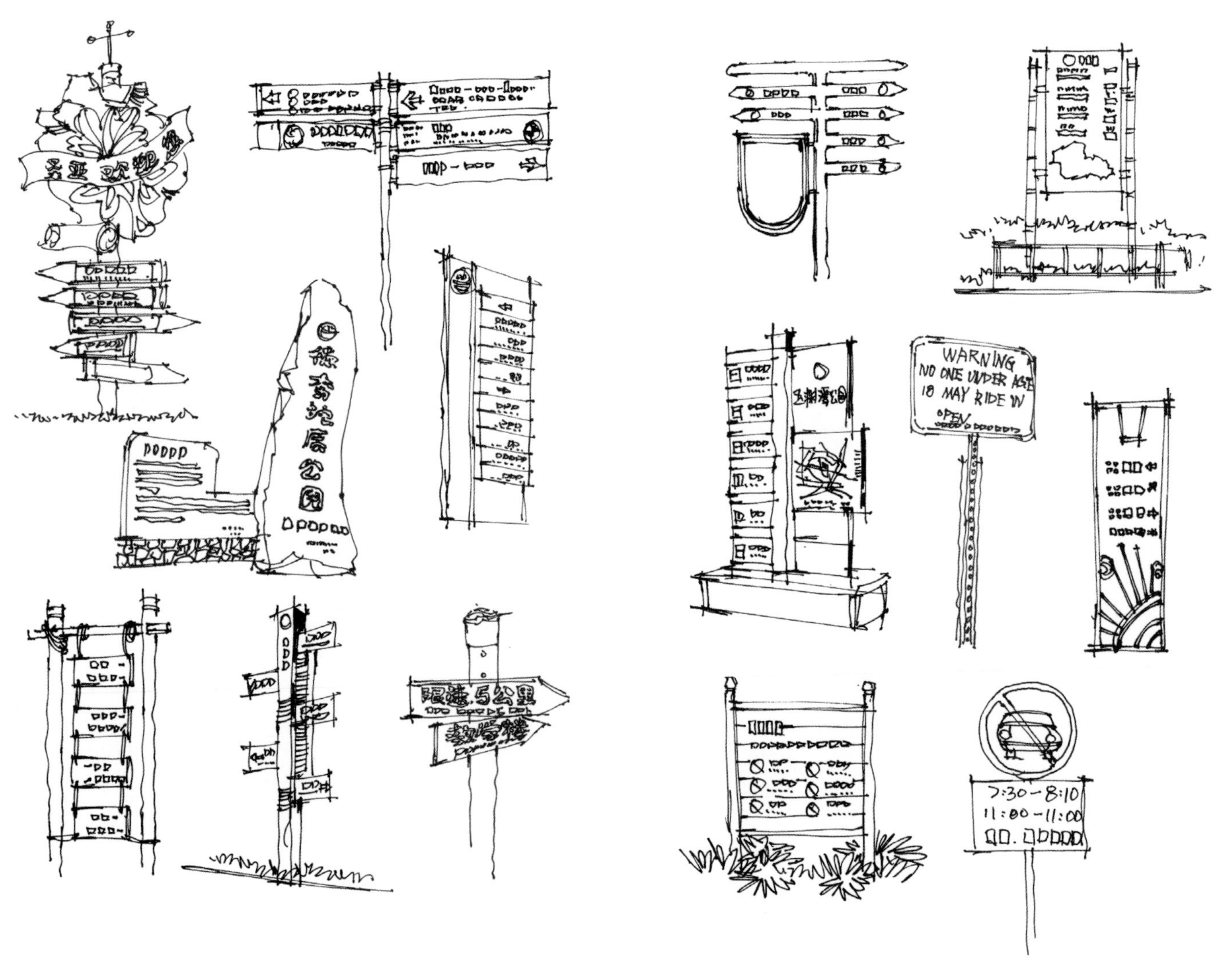

指示牌手绘表现一

指示牌手绘表现二

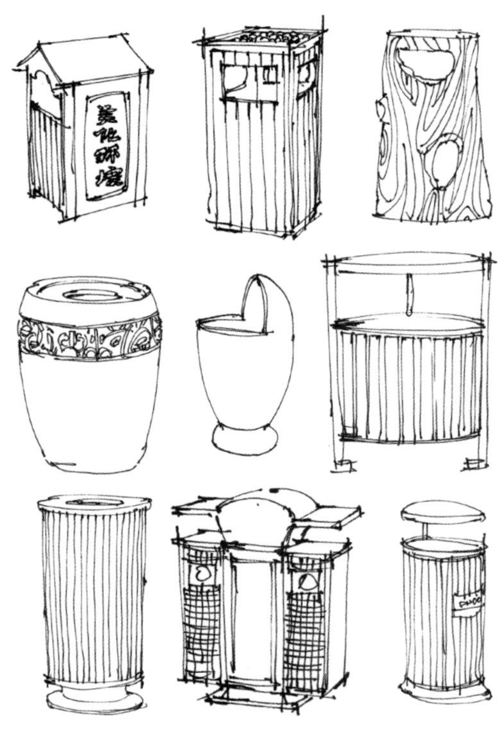

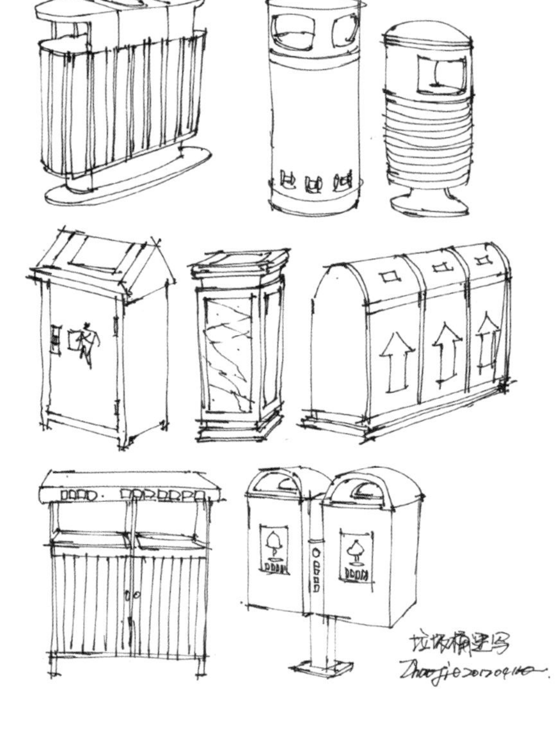

清洁箱手绘表现

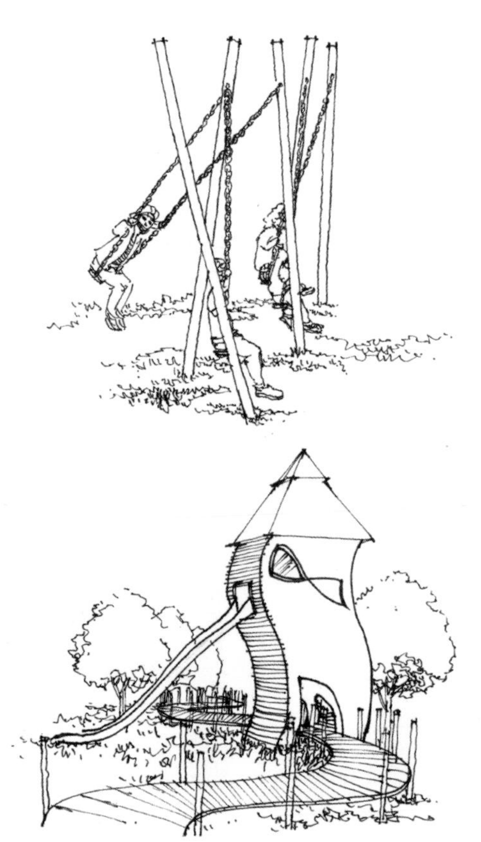

游乐设施手绘表现

3.6 户外景观座椅手绘表现

户外景观座椅是指室外空间环境中用来休息的公共设施。设计座椅时应考虑地域形态、人文景观、材料、色彩、造型、尺寸等因素，应在满足使用功能的基础上融合周边环境及服务人群而设定。

用手绘表现户外景观座椅时，基础是线条，其次是造型、比例，还要了解其材料的运用，如石材、木质、混凝土、金属、铁艺、混合材料等。上色时要注意明暗的转折变化，前后的虚实变化，以及材料色彩、质感的表达。

户外景观座椅手绘表现一

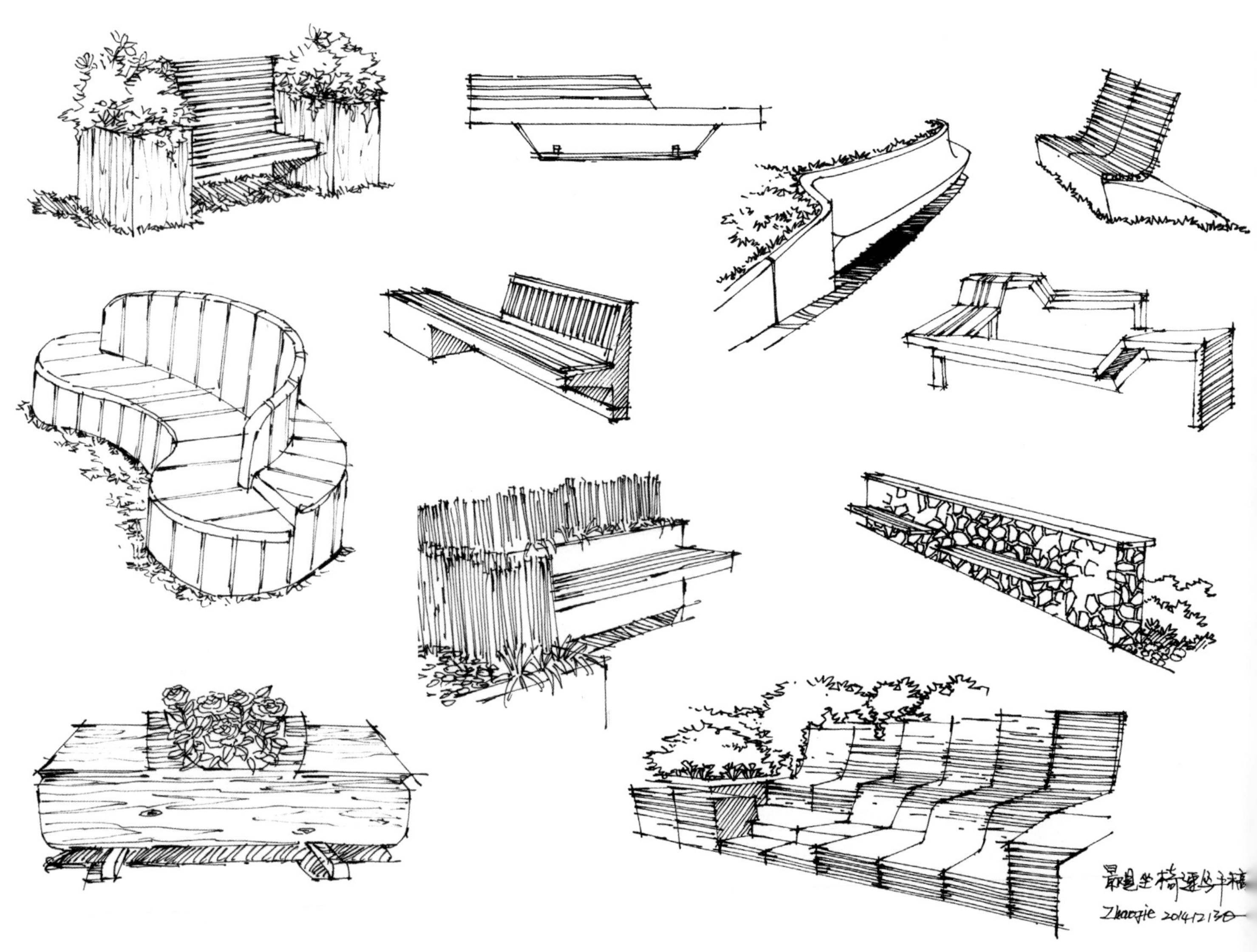

户外景观座椅手绘表现二

3.7 景观亭手绘表现

亭子是一种有顶无墙的小型建筑，可归结为一种小体量建筑，形状多样，有圆形、方形、八角形等多种形状。多建于公园、社区、广场、沿河景观等场所，大都以木质、石材、竹材、玻璃结构为主，以供游人休息、乘凉、遮雨、赏景为主要功能。

手绘景观亭时需先了解亭子的结构、风格、材料，再结合手绘基础知识（线条、透视、比例、细节、主次、前后虚实关系、材料材质）进行绘制。

景观亭手绘表现一

景观亭手绘表现二

景观亭手绘表现三

3.8 景观桥手绘表现

景观桥是指能够唤起人们美感的，具有良好视觉效果和审美价值的，与桥位环境共同构成的景观桥梁。景观桥具有艺术观赏性，它可以成为一定环境的主体。景观桥应具有三个基本特点：

（1）融合桥梁造型美、功能美和形式美法则；

（2）遵循桥与周边环境协调的规律；

（3）体现人文环境、自然景观、历史文化景观的内涵。

手绘景观桥时应先了解其结构、造型、用材，结合特点弧线、材质线的画法，运用基础透视、比例基础，处理前后、转折、虚实关系。着色时先画基础色、再画附属色、最后画点缀色，注意阴影、光线的处理。

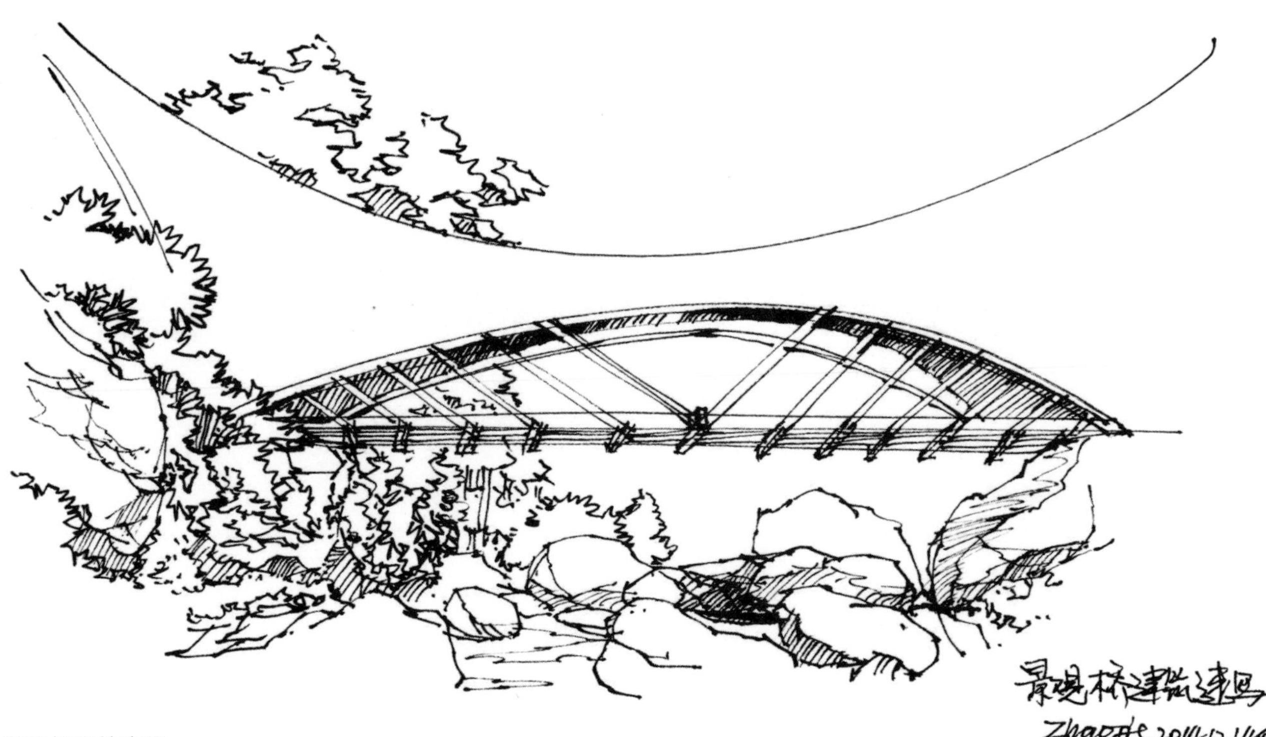

景观桥手绘表现一

景观桥手绘表现二

3.9 水景、天空、雪景手绘表现

水景手绘表现画法如下所示。

（1）为了快速表现水景效果，设计师常用线条快速表达，色彩上主要以马克笔画法为主，如果时间允许，也可使用水彩、水溶性彩色铅笔。

（2）主要表现水的颜色、流水的动态及物体的倒影。

（3）水本身是透明、没有颜色的，通常将水面画成蓝色是因为天空是蓝色的，倒映在水面便形成蓝色的水景。有的水景则是绿色的，因为水中有绿色的水生植物。因此，着色时要考虑水景周边环境的影响。

（4）水体颜色有时候采用蓝色加冷灰色、暖灰色，甚至加少许黄色、淡紫色，这些颜色大部分源于周边物体的倒影。也有设计师根据自己对色彩的认识及对不同颜色的偏好进行上色。

| 水景手绘表现

用材：80克复印纸，色号为239号（浅蓝）、240号（中蓝）、241号（深蓝）和209号（紫色）的马克笔。

注：采用239号表现过渡色，采用239号和240号表现渐变色，采用241号表现环境色；使用209号时要轻盈快速扫笔；画渐变的天空要一气呵成，间隔时间久了再上色容易出现笔触。

用材：80克复印纸，色号为239号（蓝色）、209号（紫色）和1号（黄色）的马克笔。

注：使用239号时，重复运笔可画出深蓝色调，轻盈快速运笔可画出浅蓝色调；使用209号时要轻盈快速扫笔；画天空要一气呵成，间隔时间久了再上色容易出现笔触。

用材：硫酸纸，色号为239号（浅蓝）和240号（中蓝）的马克笔。

用材：80克复印纸，色号为269号（浅冷灰）和271号（中冷灰）的马克笔。

注：使用269号时，轻盈快速运笔可画出浅灰色调，慢速运笔可画出灰色调；采用271号表现深色色调时，要快速运笔，并可采用269号表现过渡色，采用269号和271号表现渐变色。

天空手绘表现

雪景手绘表现一

雪景手绘表现二

4

马克笔手绘
效果图表现步骤

分解手绘步骤有助于快速掌握马克笔各种技法在设计创意中的实际应用

4.1 商业建筑马克笔手绘步骤

Step 1

做好上色前的准备工作，准备马克笔、修正液、色卡、垫纸、试纸等。不要着急上色，仔细观察建筑的形体结构、材料、主色调、附属色、环境色。只有充分了解建筑环境配色，上色的质量、速度才会有所提高。上色的方法：由浅入深，先主后次，注重体积、空间的塑造。

Step 2

为了表达商业建筑傍晚的感觉，则从建筑的主色调——灯光颜色入手。注意第一遍着色不要过多，也不要对比过强，平铺主色调即可。画面要多留白，这样才有透气感，才容易控制和把握画面的整体效果。

Step 3

用马克笔大笔触塑造建筑周边环境，如地面、植物、配景建筑、远山等。地面采用浅色冷灰，远山采用灰绿色。因为近景植物靠近建筑，又有灯光的映射，所以近景植物偏暖绿色调，远景植物偏冷绿色调，干枝以冷灰为主，画出配景建筑的基本色调，对比不要过于强烈。

Step 4

深化主体建筑的细节、明暗关系，重点塑造灯光微妙变化的氛围感。主入口处对于人物的表现多采用亮色，远景多采用灰色，汽车在前景，要相对刻画细节。用马克笔大笔触由浅入深地表现天空，要一气呵成，远景天空中不同的颜色过渡时，运笔要轻，速度要快，用“揉”“润”等手法表现柔和的过渡关系，以凸显天空色彩的微妙变化。近景收尾处可有些笔触。最后，对画面整体进行深入、调整，表现空间的主次、近实远虚效果，达到整体的和谐统一。

4.2 办公建筑马克笔手绘步骤

Step 1

做好上色前的准备工作，准备马克笔、修正液、色卡、垫纸、试纸等。不要着急上色，仔细观察建筑的形体结构、材料、主色调、附属色、环境色。只有充分了解建筑环境配色，上色的质量、速度才会有所提高。上色的方法：由浅入深，先主后次，注重体积、空间的塑造。

Step 2

用固有色较浅的颜色画出大关系，颜色不要多，本案主要使用色号为 246、220 号的黄色和色号为 239 号的蓝色，使用大笔触，速度快，不拘小节。注意第一遍着色时不要面积过大，也不要色彩对比过强，平铺主色调即可。画面要多留白，这样才有透气感，才容易控制和把握画面的整体效果。

Step 3

深化主体建筑材料质感，凸显木质材料颜色的变化，近景细节要丰富，远景要相对整体。丰富玻璃的层次感，表现玻璃对周边环境的反射效果，加强明暗转折及虚实变化，对比不要过于强烈。同时用浅色、灰色调略画远景建筑。

Step 4

丰富主体建筑，深化木质、玻璃材料的层次感、质感，加强体积、明暗对比。用大色块铺装道路，注意远近、虚实的变化。画出近、远景的乔木、灌木，远景配套建筑着色时使用浅色、冷色调，注意留白，形成主体对比，从而表现空间层次感。

Step 5

继续加强主体的明暗对比和转折处的变化，丰富玻璃、木质材料的远近层次感。细化前景道路、乔木树干等，略细化右侧配景建筑，注意表现整体画面的协调感。

Step 6

画出植物的阴影，注意前后阴影的虚实变化，做到前实后虚。画出配景人物，前景用亮色、远景用灰色，也可部分留白，增加空间层次感。用大笔触由浅入深画出天空，要一气呵成，远景天空两种颜色过渡时运笔要轻、速度要快，用“揉”“润”等手法画出柔和的过渡关系，以表现天空色彩的微妙变化，近景收尾处可有些笔触。最后，对画面整体进行调整，达到整体和谐统一的效果。

4.3 文化建筑马克笔手绘步骤

Step 1

做好上色前的准备工作，准备马克笔、修正液、色卡、垫纸、试纸等。首先不要着急上色，仔细观察建筑的形体结构、材料、主色调、附属色、环境色。只有充分了解建筑环境配色，上色的质量、速度才会有所提高。上色的方法：由浅入深，先主后次，注重体积、空间的塑造。

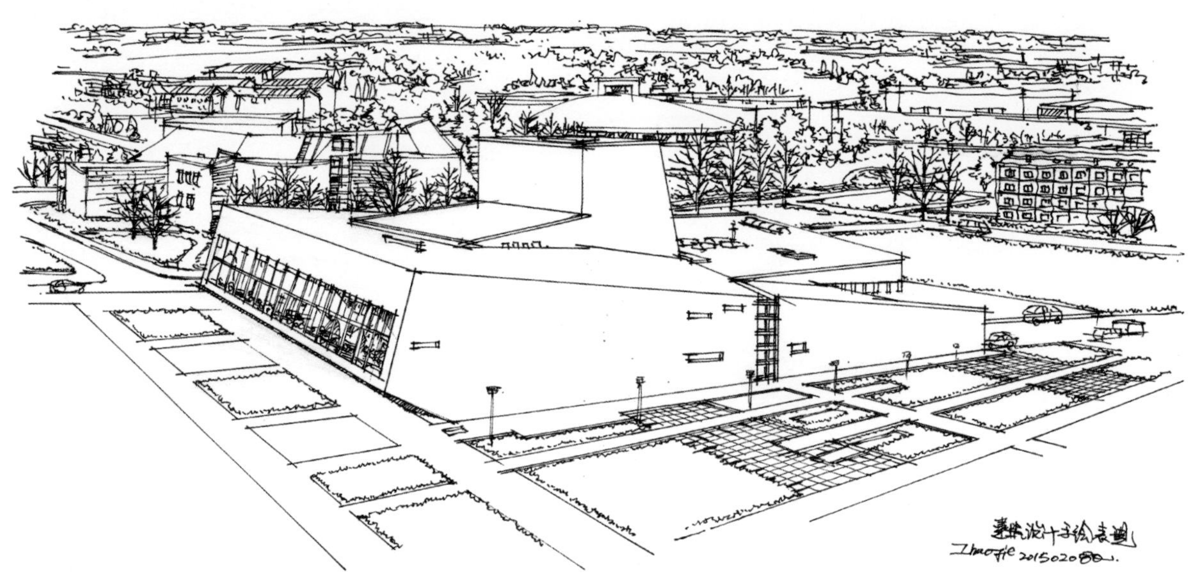

Step 2

用大笔触、浅色、灰色调对主体建筑进行上色，着色时顺着建筑结构铺色，重点画出暗面，注意冷、暖灰色调的搭配。第一遍着色时，色彩不宜过多，对比不要过强，画面多留白，这样才有透气感，才容易控制和把握画面的整体效果。

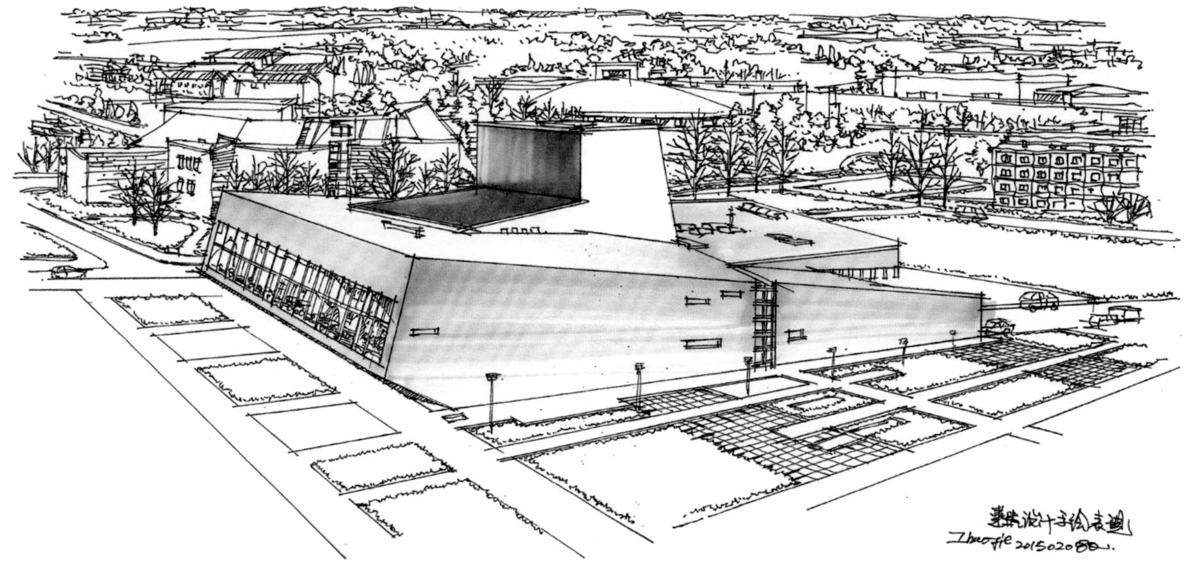

Step 3

当主体建筑处于白天的环境中时，要凸显细化玻璃的反光效果、质感，加深门窗洞口的颜色，与建筑外观形成颜色的深浅对比。用大笔触塑造建筑周围的配景植物，注意植物颜色的变化，让近景植物艳丽一些，远景灰一些，颜色变化过渡要平缓，对比不要过于强烈。

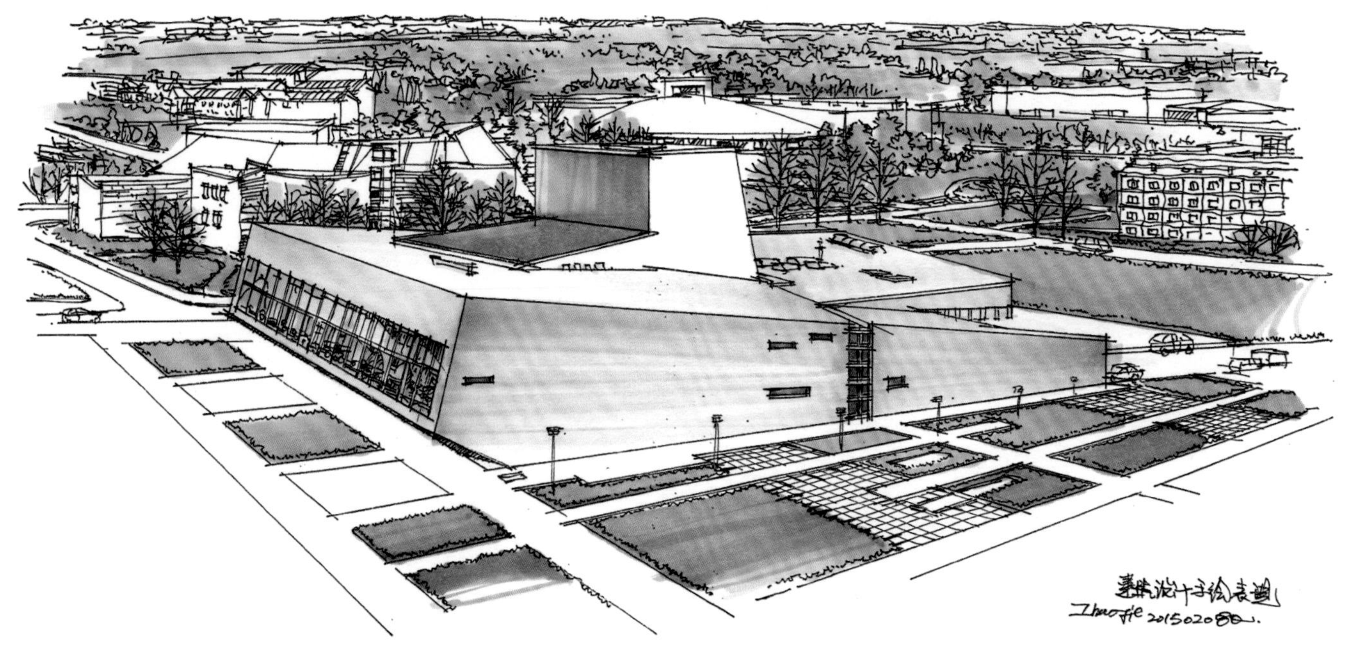

Step 4

深化主体建筑的细节、明暗关系。表现道路铺装效果，前景用亮色，远景车行道多用灰色。用大色块画出远景建筑，注意明暗、房顶的色彩变化。深化前景、远景建筑周边的植物，与周边环境协调、融合。

Step 5

加强主体建筑的明暗对比关系，丰富画面的整体层次感，加深前景植物、道路铺装、阴影的颜色，可加些笔触。用大笔触由浅入深表现天空，要一气呵成，远景天空中两种颜色过渡时运笔要轻、速度要快，用“揉”“润”等手法表现柔和的过渡关系，以凸显天空色彩的微妙变化，近景收尾处可有些笔触。最后，对画面整体进行调整，把空间的主次关系、近实远虚的效果表现出来，达到整体和谐统一的效果。

4.4 教堂建筑手绘步骤

Step 1

做好上色前的准备工作，准备马克笔、修正液、色卡、垫纸、试纸等。不要着急上色，仔细观察建筑的形体结构、材料、主色调、附属色、环境色。只有充分了解建筑环境配色，上色的质量、速度才会有所提高。上色的方法：由浅入深，先主后次，注重体积、空间的塑造。

Step 2

用笔触、浅色对建筑进行上色，着色时顺着建筑结构铺色。第一遍着色时，色彩不宜过多，对比不要过强，画面要多留白，这样才有透气感，才容易控制和把握画面的整体效果。

Step 3

深化表现主体建筑，加强明暗对比。用大笔触、浅暖色画出配景建筑的亮面。用大笔触捎带刻画主体建筑前景的植物，注意植物颜色的搭配，色彩过渡要平缓，对比不要过于强烈。

Step 4

深化主体建筑明暗对比，丰富建筑的细节、明暗关系，加深门窗的颜色，着色过程中注意虚实变化，将光线质感表现出来。略细化近处配景建筑的色彩关系，注意与主体建筑的协调、过渡。前景植物用重色、暖灰色，可多采用自由、洒脱的笔触，反衬建筑的庄重感。最后，对画面整体进行调整，将空间的主次、近实远虚表现出来，达到整体和谐统一的效果。

5

色彩基础
与色彩搭配技法

色彩是设计中最具表现力和感染力的因素，能影响人们的视觉体验

THE COLOUR SCHEME

5.1 色彩基础知识

色彩三原色为红、黄、蓝，以光的三原色为基础制作色相环。

色相环由原色、二次色和三次色组合而成。

原色，色盘上延伸最长的极端表示出了三种原色——红、黄、蓝。之所以称为原色，是因为其他颜色都可以通过这三种颜色组合而成。

二次色（间色），将任何两种原色混合起来，就可以得到间色：橙（红加黄）、紫（红加蓝）、绿（黄加蓝）。

三次色（复色），12 色相环上另外 6 种颜色称为复色。复色由邻近的原色和邻近的间色组合而成：黄橙（橙加黄）、黄绿（绿加黄）、蓝绿（绿加蓝）、蓝紫（紫加蓝）、红紫（紫加红）、红橙（橙加红）。

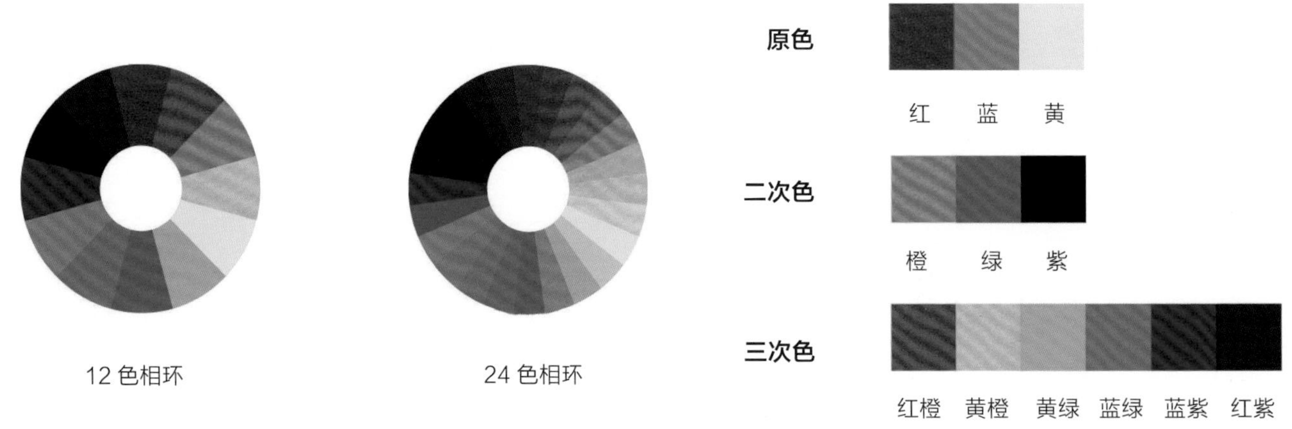

12 色相环　　24 色相环

色彩原理与技巧

颜色三要素：

色相，色彩倾向，以区别各种颜色，如红、绿、蓝等；

明度，色彩的明暗变化，光亮程度；

纯度，也称饱和度、彩度和鲜艳度，色彩的纯度强弱，是指色相明确或含糊、鲜艳或混浊的程度。

1. 色相配色

以色相为基础的配色是以色相环为基础进行思考的，用色相环上相近的颜色进行配色，可以得到稳定而统一的感觉。用间隔距离远的颜色进行配色，可以达到一定的对比效果。

2. 明度配色

明度是配色的重要因素，明度的变化可以表现物象的立体感和远近的空间感。明度分为高明度、中明度、低明度三类。

高明度配高明度有一种轻而淡、浮动而飘逸的感觉；低明度配低明度则深沉、稳重；高明度配低明度，其反差较大，色彩对比强烈。

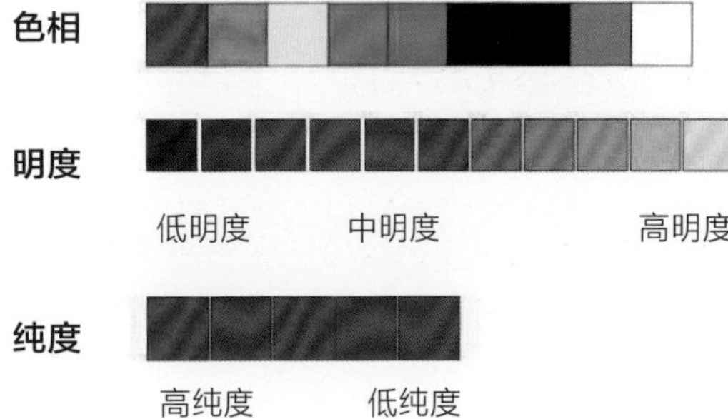

3. 纯度配色

纯度越高，色彩越显鲜艳、引人注意，独立性及冲突性越强；纯度越低，色彩愈显朴素而典雅、安静而温和，独立性及冲突性愈弱。

色调配色

色调配色指具有某种相同性质（冷暖调、明度、纯度）的色彩搭配在一起，例如，同等明度的红、黄、蓝搭配在一起 ，大自然的彩虹也是很好的色调搭配。

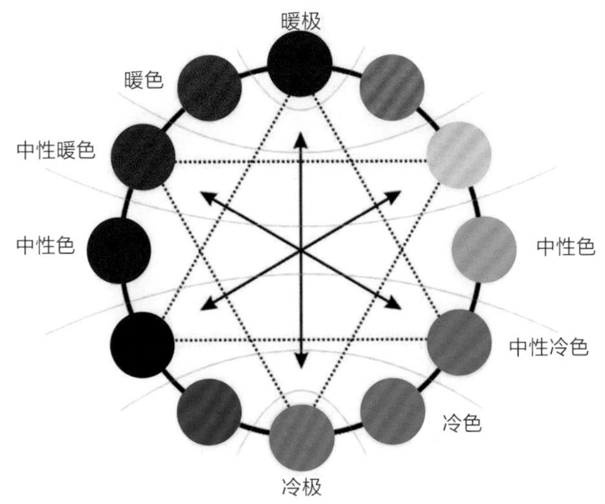

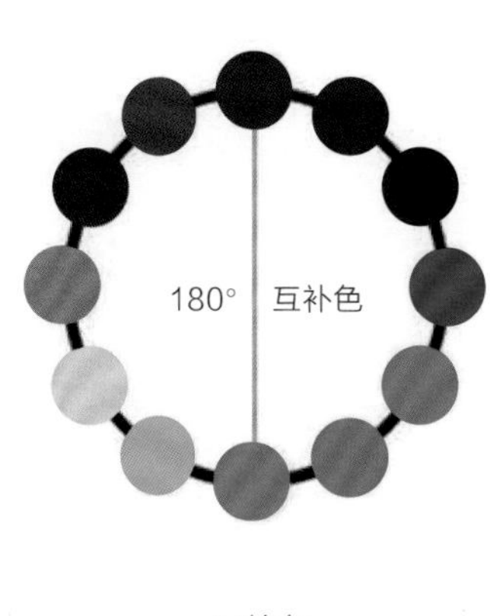

互补色

互补色：以某一颜色为基准，与此色相间隔 180° 的任一两色互补。色彩中的互补色有红色与绿色，蓝色与橙色，紫色与黄色。在光学中，如果两种色光能以适当的比例混合而产生白光，则这两种颜色就称为“互补色”。

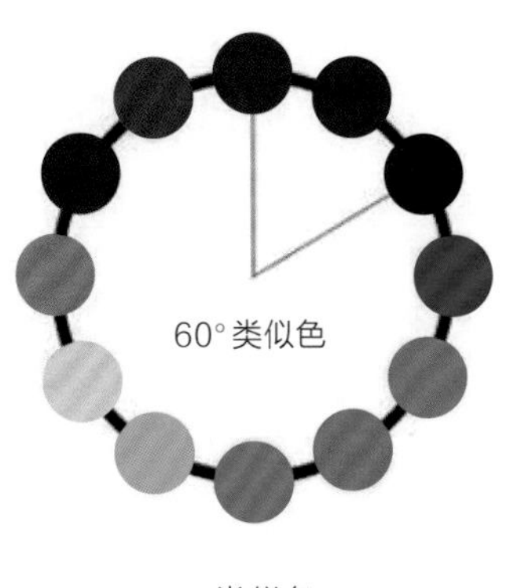

类似色

类似色：以某一颜色为基准，60° 以内，与此色相间隔 2~3 色的颜色为类似色。

类似色调配色即将色调图中相邻或接近的两个或两个以上色调搭配在一起的配色。类似色调配色的特征在于色调与色调之间有微妙的差异，较同一色调有变化，不会产生呆滞感。

类似色调配色，在色相上既有共性又有变化，是很容易取得配色平衡的手法。例如，黄色、橙黄色、橙色的组合；群青色、青紫色、紫罗兰色的组合。类似色调配色容易产生单调的感觉，但耐看、不花哨，整体感较强。

对比色：以某一颜色为基准，与此色相间隔 120° ~150° 的任一两色互为对比色。

对比色调配色是相隔较远的两个或两个以上的色调搭配在一起的配色。对比色调因色彩的特征差异，能造成鲜明的视觉对比，有一种"相映"或"相拒"的力量使之平衡，因而能产生对比调和感。对比色调配色在配色选择时，会因横向或纵向而有明度和纯度上的差异。例如，浅色调与深色调配色，即为深与浅的明暗对比；而鲜艳色调与灰浊色调搭配，会形成纯度上的差异配色。

邻近色：以某一颜色为基准，30° 以内，与此色相间隔 1~2 色的颜色为邻近色。邻近色配色是将相同色调的不同颜色搭配在一起形成的一种配色关系。邻近色的颜色、色彩的纯度和明度具有共同性，明度按照色相略有变化，所以颜色搭配很协调。因为色相接近，所以色感比较稳定，如果是单一色相的浓淡搭配则称为同色系配色。

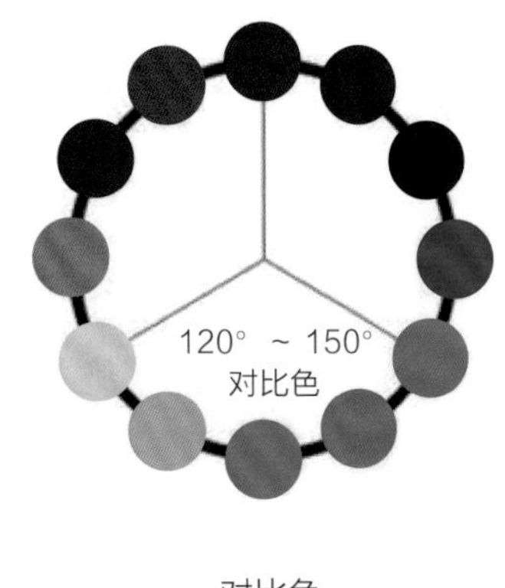

对比色

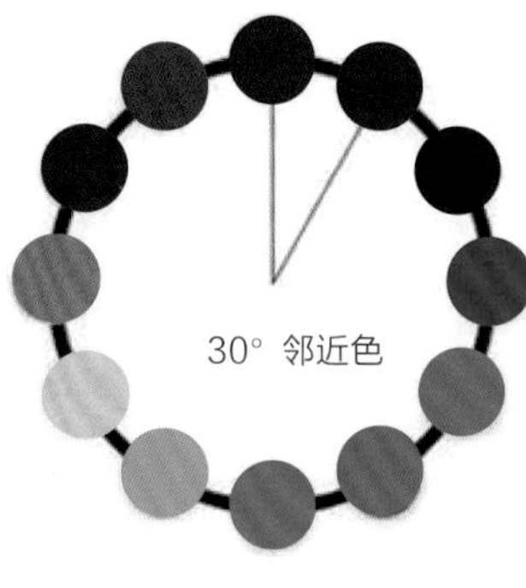

邻近色

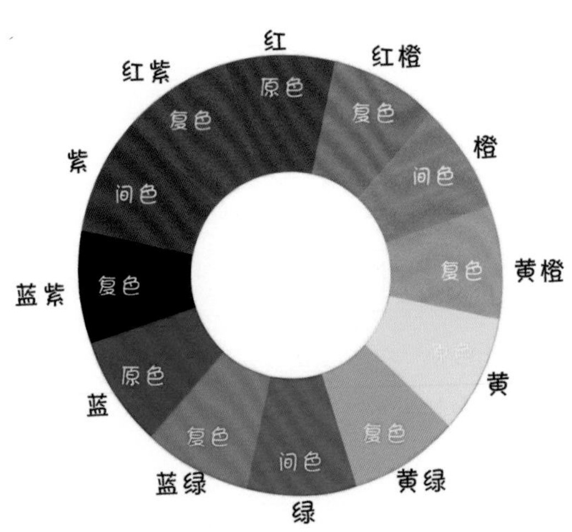

12 色相环分析图

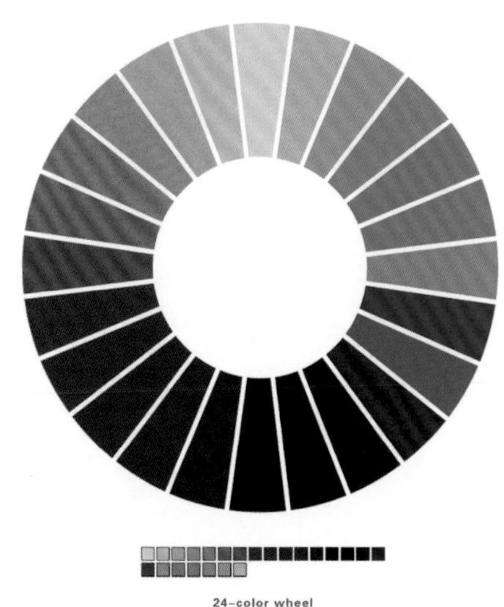

24 色相环排布

5.2 灰色调手绘表现技法

谈到灰色调，更多的是指学习手绘着色的一门基础课程，主要运用冷灰、暖灰进行空间体块、前后关系、主次关系、明暗关系、冷暖关系的基本形体的塑造，然后再加上少许亮色进行点缀，这样空间就不会显得过于冷清、乏味。灰色调手绘表现能力可以通过运笔、笔触、渐变、快慢、深浅等基础技法进行提高。

由于手绘有其独立性，因此，通过学习素描认识手绘不是绝对的必要条件，其实通过手绘本身的学习就能满足工作实用性的要求，对手绘整个系统的学习才会打下扎实的基础，达到手对笔灵活掌控的目标，从而将设计思想表达清楚。

可参考第一章第五节：马克笔使用方法。

灰色调手绘表现一

工具：复印纸、速写笔、马克笔

| 灰色调手绘表现二（加拿大温哥华 MDM 建筑 ）

工具：复印纸、速写笔、马克笔、油漆笔

| 灰色调手绘表现三

工具：复印纸、速写笔、马克笔

灰色调手绘表现四（意大利 slow horse 酒店）
工具：复印纸、速写笔、马克笔、油漆笔

灰色调手绘表现五
工具：复印纸、速写笔、马克笔

灰色调手绘表现六（教育建筑——挪威 INSPIRIA 科技中心建筑）
工具：复印纸、速写笔、马克笔

灰色调手绘表现七（别墅建筑）
工具：复印纸、速写笔、马克笔

灰色调手绘表现八（法国 Aquitanis 公司总部建筑）
工具：复印纸、速写笔、马克笔

灰色调手绘表现九（美国华盛顿 benning 图书馆）
工具：复印纸、速写笔、马克笔

灰色调手绘表现十（体育馆建筑）

工具：复印纸、速写笔、马克笔、油漆笔

灰色调手绘表现十一

工具：复印纸、速写笔、马克笔、油漆笔

灰色调手绘表现十二（意大利 Vidre Negre 办公大楼）

工具：复印纸、速写笔、马克笔

灰色调手绘表现十三（禹洲尊海海洋会馆）

工具：复印纸、速写笔、马克笔、油漆笔

5.3 马克笔色彩搭配技法

色彩是设计中最具表现力和感染力的因素，强大的色彩系统能够直接影响人们的视觉体验，通过视觉感受能形成丰富的联想，产生一系列的生理、心理反应。例如，绿色是自然界的颜色，它给人放松、舒适、安详的心理感受；红色刺激着人们的心脏和血液循环，它代表着兴奋、热情和美丽。

建筑色彩常用白色、灰色、米咖色、红砖色等，在建筑设计中，办公类建筑常用冷灰色调，冷灰色可营造出让人安静思考的氛围感；居住类建筑常用暖灰色调，暖色让人有家的温暖感受。

葡萄牙波尔图自由广场建筑手绘，欧洲早期公共建筑多以暖色的石材为主，因此，配色主打暖色系，建筑外观为暖色调。为了进一步表达建筑的历史年代感，加入环境色（色号为 209），门窗洞口暗部加入深色暖灰以增强体积感，暗部的加深要注意主次、虚实关系的变化。整体色调多由暖色之间的邻近色组成，再加少量中性色。画面整体协调而富有微妙变化。

葡萄牙波尔图自由广场建筑手绘表现

工具：复印纸、马克笔

某建筑手绘表现二线稿

工具：速写纸、速写笔

某建筑手绘表现二彩稿

工具：速写纸、速写笔、马克笔

这是一个体育类建筑，采用冷灰、暖灰相结合的均衡配色，这样可以减弱建筑与环境的对比，增高融合度。加入点缀色（色号为 220），让画面感不那么压抑。注意弧形建筑光线的变化，冷、暖色的微妙过渡，多参考第一章讲到的“马克笔使用方法”。

| 某建筑手绘表现三线稿

工具：速写纸、速写笔

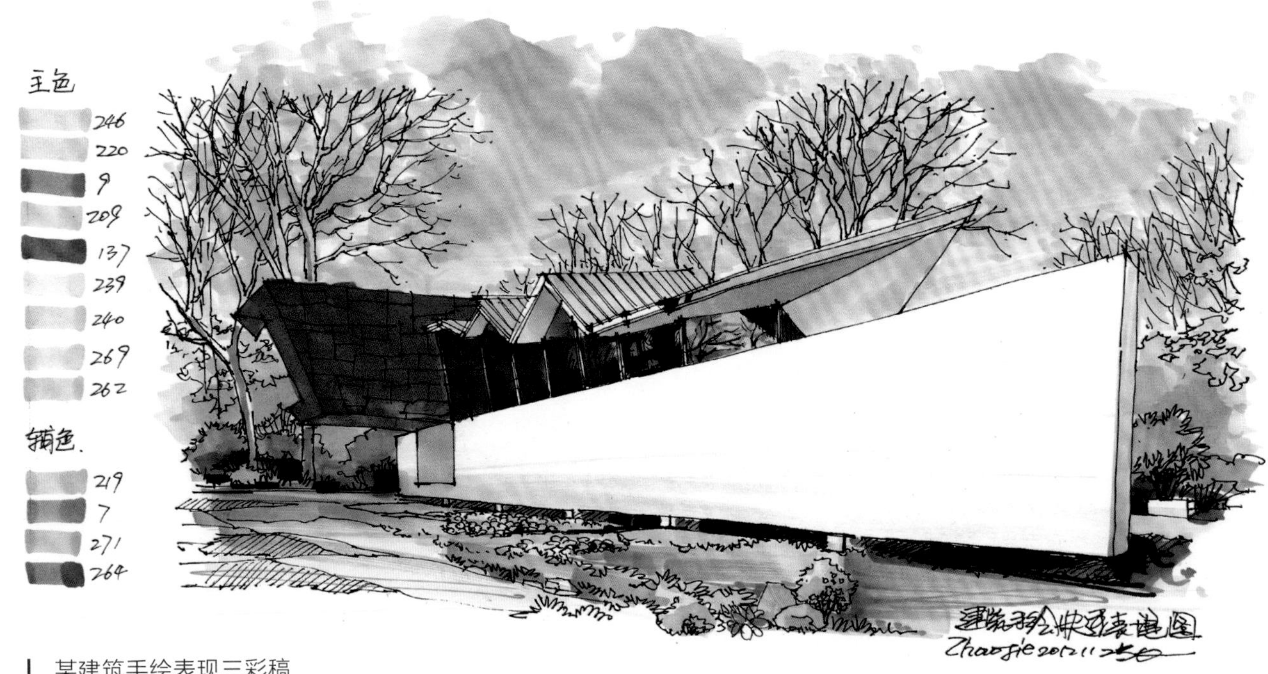

| 某建筑手绘表现三彩稿

工具：速写纸、速写笔、马克笔

在所有颜色中，亮色能瞬间吸引人们的注意力，还能挑起人们快乐的情绪。建筑主体采用红色，并作留白处理，周边环境为暖绿色的植物、蓝色的天空，色彩形成鲜明对比。

主体建筑的色彩比例为5（白色）:2（红色）:2（灰色）:1（蓝色及环境色）。这样的配色比例有主次之分，画面协调，节奏感强。如果配色比例相当，画面感将显得很乱，失去从属关系。整体画面亦是如此。

某建筑手绘表现四线稿
工具：复印纸、速写笔

某建筑手绘表现四彩稿
工具：复印纸、速写笔、马克笔

西班牙塞戈维亚大教堂手绘表现

工具：复印纸、马克笔

意大利五渔村建筑手绘表现

工具：速写本、速写笔、马克笔

6

建筑摄影
图片写生画法

ARCHITECTURAL PHOTOGRAPHY

手绘照片是写生创作的基础，也是积累设计创意素材的好方法世间万物美景数不胜数，作为一名设计师不仅要懂基础摄影，而且要动手创作，摄影可以快速积累素材，速写型手绘可以把更多情感融入创作。写生创作不仅可以记录素材，同时可以加强对建筑及环境的深入理解，对于设计师来说，出差、旅行、度假空闲之余进行速写的每一幅作品背后都有一个故事。

要想画好速写，打好基础则有助于信心的提升，照片的手绘创作技法就是最好的切入点。

能够熟练掌握照片画法后，再去写生创作就容易多了。

照片创作要注意以下几点。

构图：常用构图包括竖向构图、横向构图、三角形构图、梯形构图等，合理的构图、角度的选择能更好地表达出物象独特的空间气质。

比例：基础阶段需用参照物测量宽度之间的比例、高度之间的比例、宽度与高度的比例，先找大比例，再找小比例，熟练后将参照物测量与感觉比例结合，最后才是完全凭感觉，这需要一个较长的过程。

透视：通过基础透视原理学习与训练后灵活运用。

细节：深入细节时要注意空间主次关系，主体深入、前景准确、远景概括，层次越多空间感越强，要注意把控整体画面。

调整：检查画面关系，比例、透视、细节主次关系是否准确。

墨线：绘制墨线也是对画面再次深入调整的过程，可先针对画面中的弧线、椭圆进行练习再画墨线，画墨线时要注意：由前到后、由主到次、能用一根线表达就不要画重复线。

写生，达到一定熟练程度后，可根据对建筑的理解及场景氛围的感觉，带有情感艺术地创作，对原建筑画面的处理可夸张变形，在构图中或省略、或增加场景元素，为了表现趣味性可使用夸张比例。

- 建筑名称：圣保罗大教堂（St.Paul's Cathedral）
- 建造时间：604 年
- 建筑设计：克里斯托弗 · 雷恩爵士（Sir Christopher Wren）
- 地理位置：英国伦敦

圣保罗大教堂建筑手绘表现

工具：复印纸、速写笔

6.1 现代建筑

丹尼尔里私人住宅建筑手绘表现线稿

工具：复印纸、速写笔

- 建筑名称：丹尼尔里私人住宅
- 建筑设计：Makoid 设计
- 地理位置：美国纽约

丹尼尔里私人住宅建筑手绘表现彩稿

工具：复印纸、速写笔 、马克笔、油漆笔

禹州 • 尊海海洋会馆建筑手绘表现线稿

工具：复印纸、速写笔

• 建筑名称：禹州 • 尊海海洋会馆
• 建筑设计：黄少雄
• 地理位置：中国福建省厦门市

禹州 • 尊海海洋会馆建筑手绘表现彩稿

工具：复印纸、速写笔、马克笔、油漆笔

Cranbrook 中学花园建筑手绘表现线稿
工具：复印纸、速写笔

• 建筑名称：Cranbrook 中学花园
• 建筑设计：ASPECT 与 Tzannes

Cranbrook 中学花园建筑手绘表现彩稿
工具：复印纸、速写笔 、固体水彩、水彩笔

6.2 中式民居

丨 丹寨万达小镇建筑手绘表现线稿
工具：水彩本、针管笔

• 建筑名称：丹寨万达小镇建筑
• 建筑地点：中国贵州省黔东南苗族侗族自治州丹寨县

丨 丹寨万达小镇建筑手绘表现彩稿
工具：水彩本、针管笔、马克笔

丹寨万达小镇建筑手绘表现线稿
工具：水彩本、针管笔

- 建筑名称：丹寨万达小镇建筑
- 建筑地点：中国贵州省黔东南苗族侗族自治州丹寨县

丹寨万达小镇建筑手绘表现彩稿
工具：水彩本、针管笔、马克笔

丹寨万达小镇建筑手绘表现线稿

工具：水彩本、针管笔

• 建筑名称：丹寨万达小镇建筑

• 建筑地点：中国贵州省黔东南苗族侗族自治州丹寨县

丹寨万达小镇建筑手绘表现彩稿

工具：水彩本、针管笔、马克笔

• 建筑名称：烟袋斜街容天面馆
• 建筑地点：北京西城区地安门外大街鼓楼前

烟袋斜街建筑手绘表现线稿
工具：速写本、速写笔

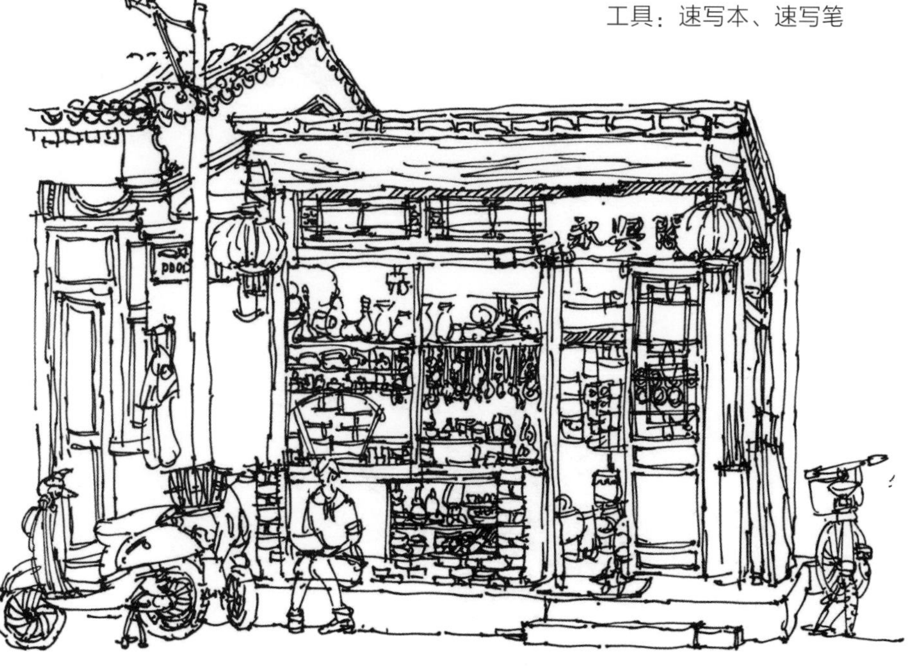

烟袋斜街建筑手绘表现线稿
工具：速写本、速写笔

• 建筑名称：烟袋斜街永兴阁
• 建筑地点：北京西城区地安门外大街鼓楼前

6.3 欧式建筑

格拉斯哥现代艺术美术馆建筑手绘表现线稿

工具：复印纸、速写笔

- 建筑名称：格拉斯哥现代艺术美术馆
- 建筑设计：David Hamilton
- 建成时间：1829 年
- 建成地点： 英国苏格兰格拉斯哥

格拉斯哥现代艺术美术馆建筑手绘表现彩稿

工具：复印纸、速写笔、马克笔

爱丁堡建筑手绘表现线稿

工具：水彩本、针管笔

• 建筑名称：爱丁堡建筑
• 建筑地点：英国苏格兰爱丁堡

爱丁堡建筑手绘表现彩稿

工具：水彩本、针管笔、马克笔

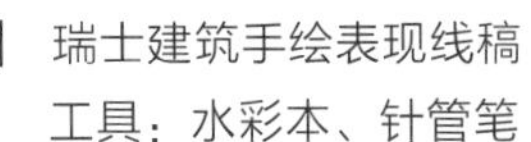

瑞士建筑手绘表现线稿

工具：水彩本、针管笔

• 建筑名称：瑞士建筑

• 建筑地点：瑞士琉森州卢塞恩市

瑞士建筑手绘表现彩稿

工具：水彩本、针管笔、固体水彩、水彩笔

7

手绘创作草图思维训练

草图可快速记录灵感、直观表达设计想法、供以研究和交流。

HAND DRAWN CREATION

7.1 关于设计草图

顾名思义，设计草图是一种手绘草稿，一般是指设计初始阶段的设计雏形，以呈现设计师最初对场地平面、空间、结构、造型快速分析后的感知和想法，多是思考性质的图纸，通常较为潦草，多以记录设计灵感与原始意念为主。设计草图是一种对思维形式的概括，它能引发设计师的创作欲望，无形中能给设计师带来设计的灵感与突破，草图存在着一些不确定性因素，因此，草图不是最终的设计结果，是设计师在做设计的过程中，用手绘的形式在纸上随意勾勒的一些创作想法。

随着中国地产业的快速崛起，建筑设计草图却画得越来越少，对设计的研究思考越来越少，快速完成、模仿微改、流水线作业之风深入、广泛蔓延，让人们过分依赖科技手段，失去的不仅是草图的绘制技能，也包括一代代老建筑师千百年形成的思维方式。创作灵感的缺失让建筑师再一次思考最原始的设计工具：纸和笔。草图解放了思想，让设计不受现实的制约，可以快速、简要、形象地表达出很多复杂结构、细节。

作用

第一时间快速记录创意想法，用手绘草稿的方式进行表达。

（1）方便设计师创作。

（2）可以快速表达设计想法，便于设计师之间的沟通交流，最终的电脑效果图源于最初构思的设计草图。

（3）便于设计师汇报方案时与甲方进行沟通，当甲方提出不同的想法时，设计师可以快速绘制设计草图并呈现在甲方面前，让甲方了解设计师的设计思路与想法。

（4）在施工现场当工人遇到问题时，可以通过设计草图快速解决问题，这是电脑无法快速做到的。

（5）草图画多了能够产生更多的创意、更多新的想法。只要掌握草图的手绘技巧，会对设计带来很大的帮助。

因此，创作草图是为了更好的设计，设计草图是设计师创作的重要辅助工具，也是设计沟通的一种重要手段。

特点

（1）方便。不论何时何地，何种纸张，甚至在墙面、地面上都可以记录、表达。

（2）快速。可以快速表达想法、记录灵感。

（3）简洁。由于时间短，因此能表达出基本设计的思路想法。

（4）沟通无障碍。沟通顺畅，提高工作效率。

线稿特点是快速、简洁、大气，彩稿特点是用大笔触处理大的色块及体量关系。每一位建筑师的手绘都能体现个人特点、气质、素养，看似同样的一根线条、一个造型，但是不同的建筑师画出来的、所表达的图像张力、饱满程度、感情色彩是不同的。

体育馆手绘快速表现
工具：速写纸、草图笔

7.2 建筑设计草图的组成

设计草图主要包括平面草图、立面草图、空间草图、分析草图等，这些是对整个案例前期进行构思的基本草图类型。设计草图创作是对整个设计进行灵感构思、创作推敲的演变过程，是建筑师很重要的设计阶段。

平面草图：主要是快速表达对场地的分析、功能的推敲定位、交通流线的布局等设计要素。

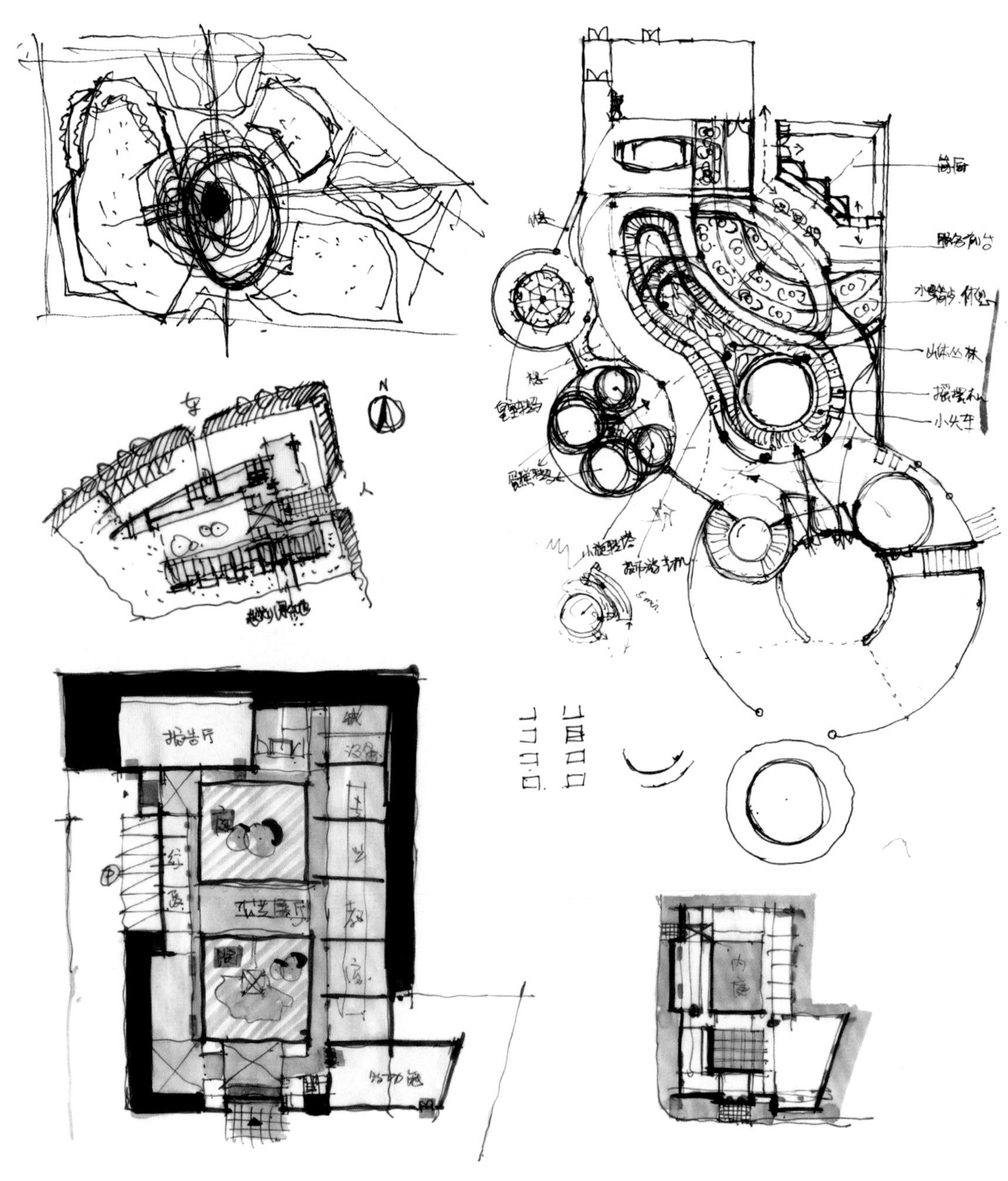

平面草图

立面草图：结合平面勾画建筑立面的结构关系、材料材质、门窗造型，甚至色彩搭配构想。

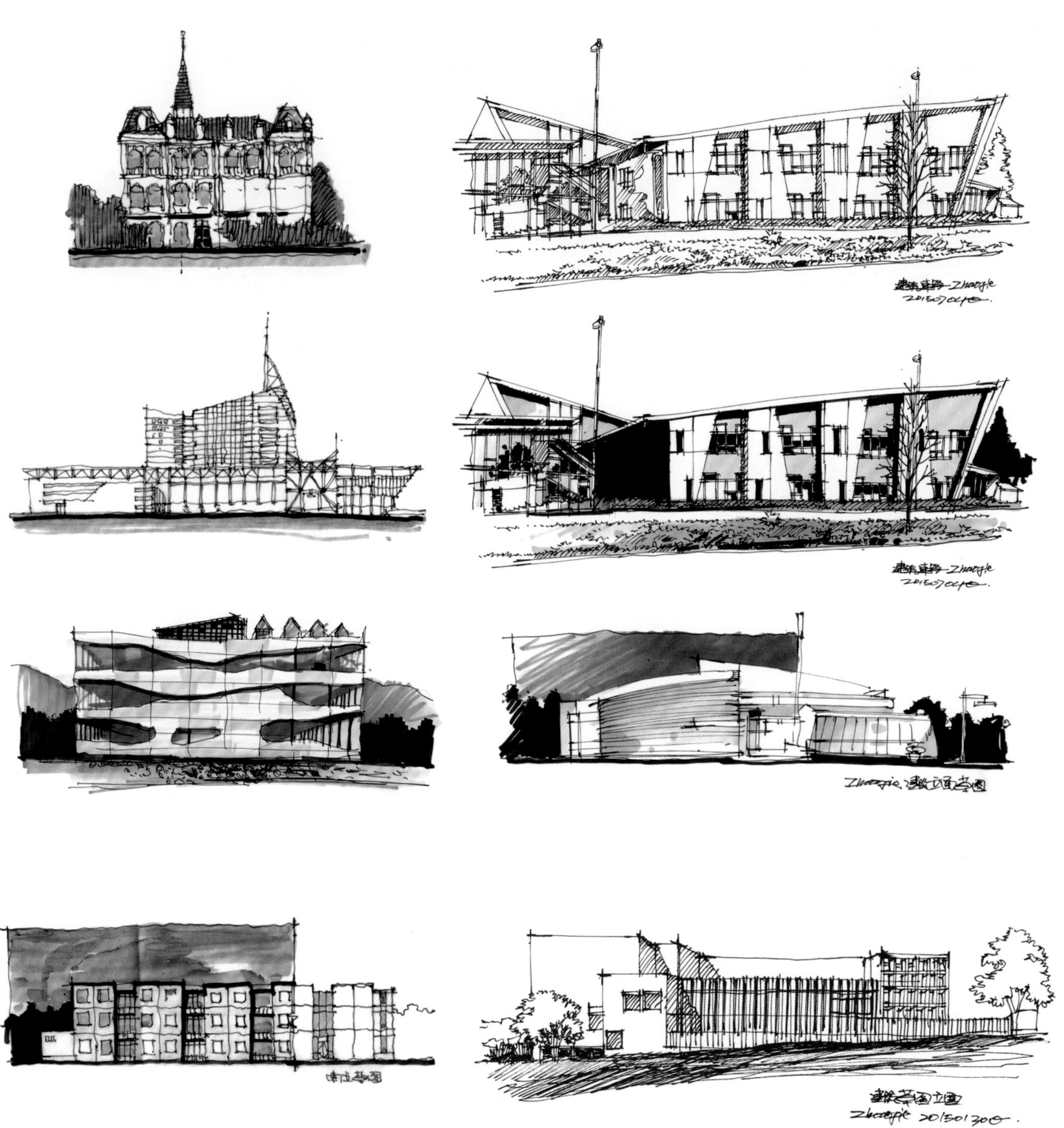

立面草图

空间草图：快速勾勒建筑空间形体，通常采用两点透视图或鸟瞰图，要求形体比例协调，外立面关系明确，主次明确，空间感强。

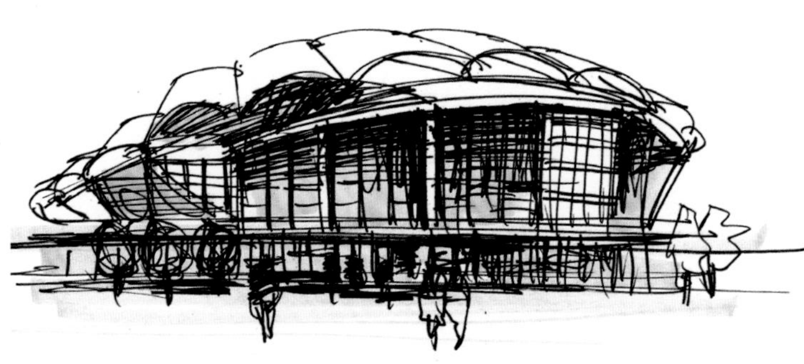

7.3 建筑草图的分类

根据不同的工作阶段通常需要将草图分为以下几种类型。

概念草图： 概念草图一般是指设计初始阶段的设计雏形，以线条呈现思考性质的体块关系，一般较潦草，多用来记录设计灵感与原始思考意念。概念草图是建筑师工作中最常用的思考表达方式。

概念草图（成都大健康医疗产业园规划草图）
工具：草图纸、草图笔

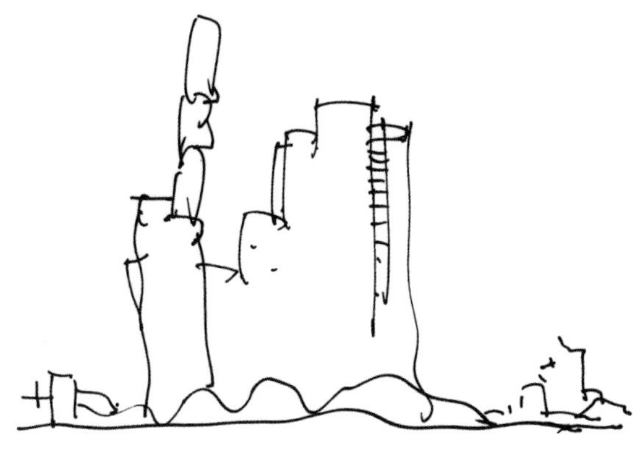

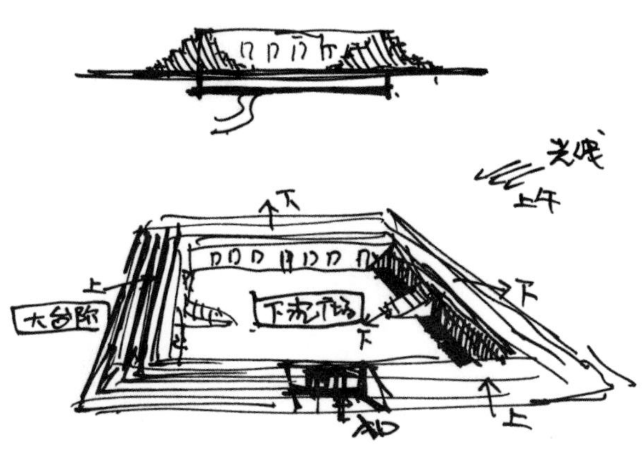

概念草图（下沉广场建筑创作草图 ）
工具：草图纸、草图笔

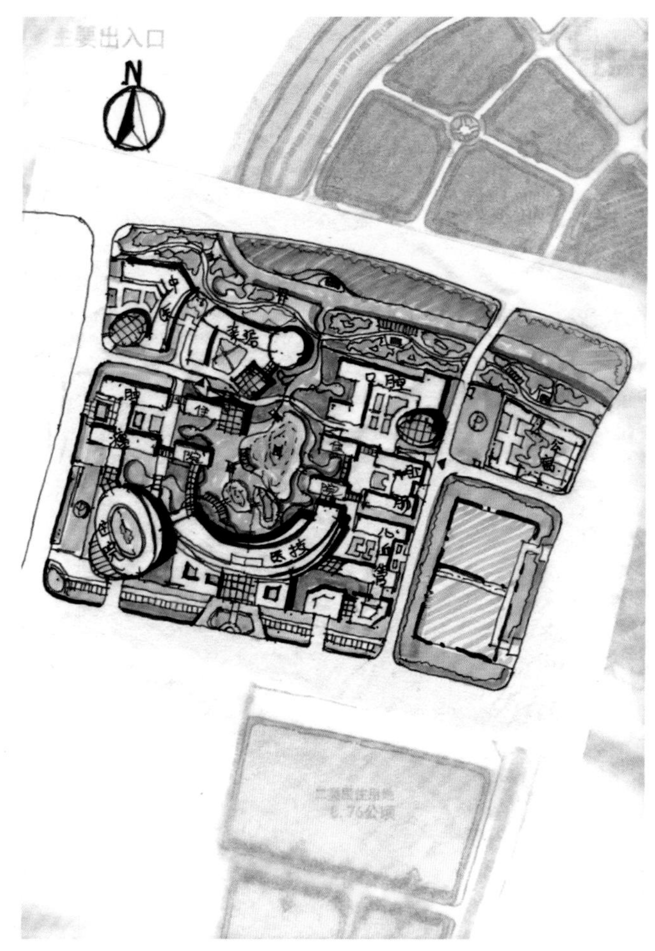

概念草图（成都大健康产业园规划草图）
工具：草图纸、草图笔、马克笔

解释性草图：解释性草图以说明建筑的使用和结构为宗旨。以线为主，这时由于是推敲阶段，重复线会使用较多，辅以简单的颜色或加强轮廓，通常会加入一些说明性的文字。偶尔会运用卡通式文字的草绘方式加以注解，多用于演示，而非方案比较。解释性草图会表现较清晰的大关系。

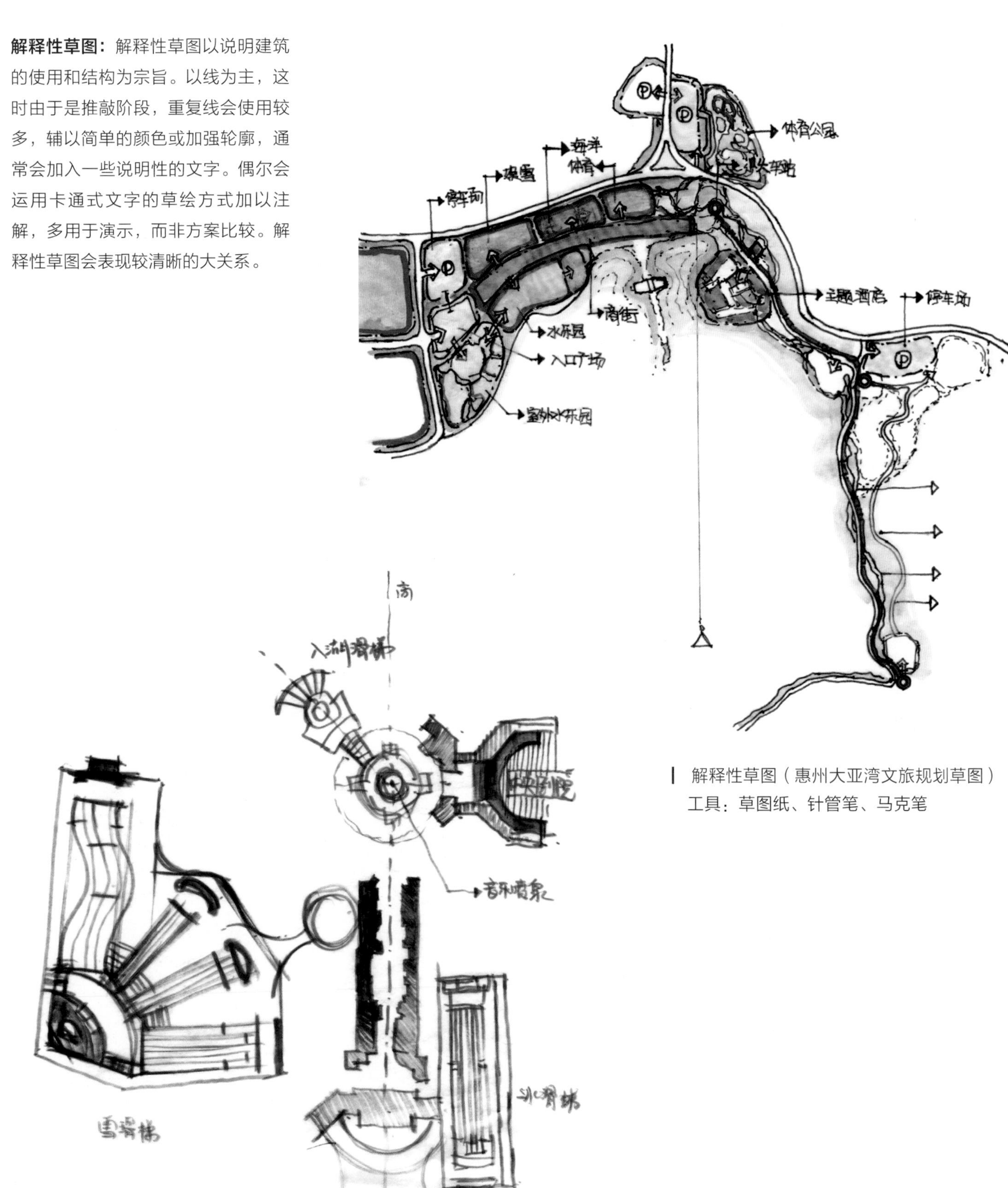

解释性草图（惠州大亚湾文旅规划草图）
工具：草图纸、针管笔、马克笔

解释性草图（哈尔滨文旅规划草图）
工具：草图纸、马克笔

结构草图：结构草图多以透视线为主，辅以阴影明暗面，主要表明建筑的特征，多以结构、组合、转折、体块方式表达，便于沟通和思考，多为设计师之间研究、探讨使用。

结构草图（黑白手绘草图，15 分钟）
工具：速写纸、马克笔

效果式草图：建筑师推敲设计方案和了解预估设计效果时使用，以清楚表达空间透视、结构、明暗、材料材质、色彩关系等，这时常用明暗、色彩体现建筑与整体环境的总体融合关系。效果式草图作为前期的空间构思会出现在设计文案中。

效果式草图（20 分钟）
工具：复印纸、马克笔

效果式草图（30 分钟）

工具：复印纸、速写笔、电脑辅助

写生创作草图：写生创作草图多以记录性草图为主，通过出差、旅行、度假等方式，运用闲暇之余快速记录身边的设计素材。不论笔是何种颜色，纸张薄厚、大小如何，都可快速记录对事物的感受，可以夸张变形，也可附以文字注解。

写生创作草图

工具：速写本、笔记本、速写笔、铅笔、马克笔

写生创作草图（20 分钟）

工具：速写本、速写笔、复印纸、水彩笔、固体水彩

7.4 手绘草图的训练

通过草图训练可以提高概括能力，可以将自己比较喜欢的照片用速写的方式表达出来，这是从简单的建筑到复杂的建筑，从单体建筑到群体建筑的练习过程。训练时要控制时间，有 2~5 分钟、10~15 分钟、20~30 分钟不同时长的训练，时间到必须停笔。这种训练方式能迫使我们不拘小节，着眼于整体，从而提高工作效率。

草图训练的过程中，要注意以下几点。

（1）从全局出发，画第一眼看到的建筑形体关系，切勿陷入细节的表现。

（2）对于草图好坏的判断，首先根据建筑形体比例和大的透视关系是否合理，其次就是线条是否自然流畅，空间是否有一定的主次关系，以及是否很好地表达了对设计最初的概念构想。

（3）用大面积的排线方式把画面的明暗关系快速地表现出来。

（4）草图的用色、笔触要干脆利落，用色较少，明确地表现主次、明暗、体块关系。

10 分钟手绘草图

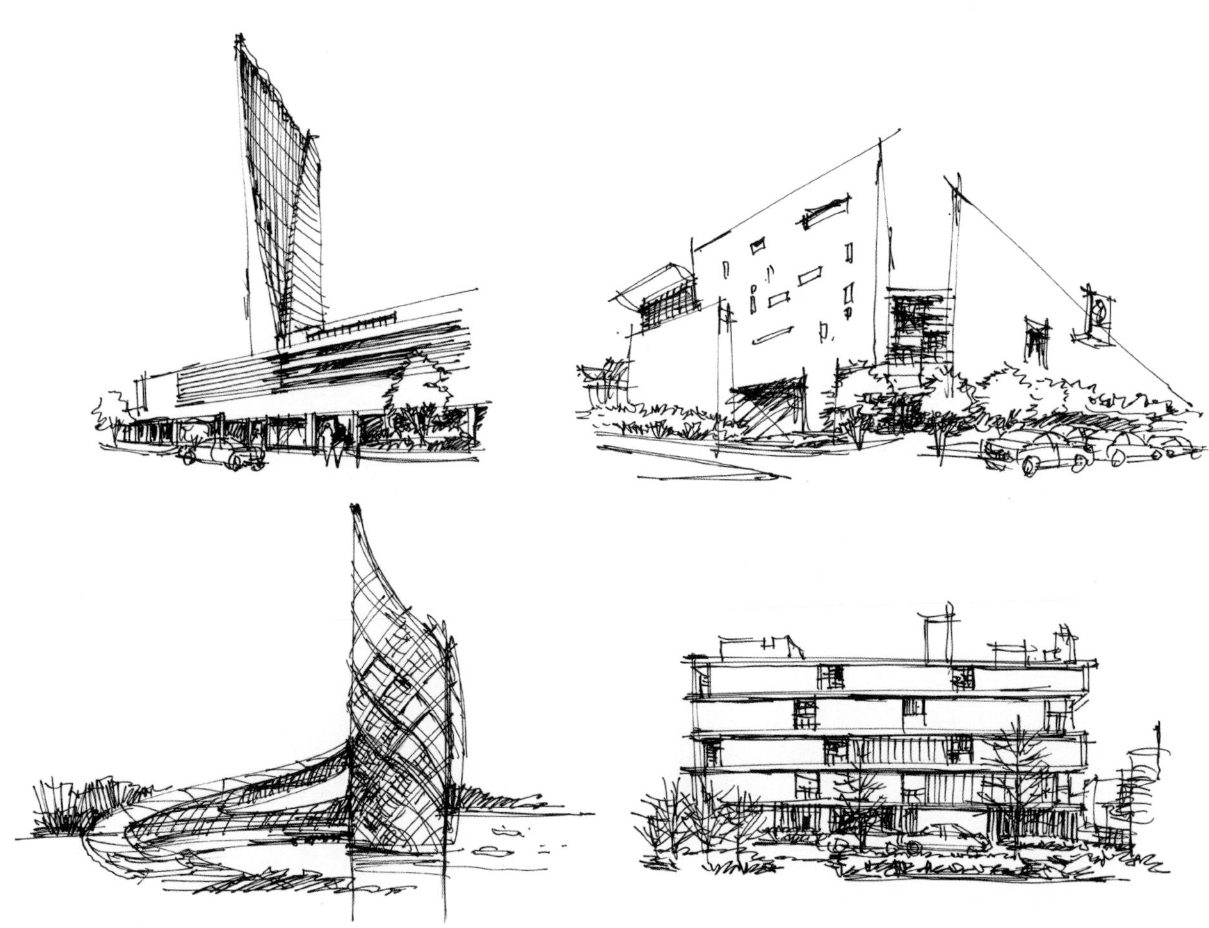

10 分钟手绘草图
工具：复印纸、速写笔

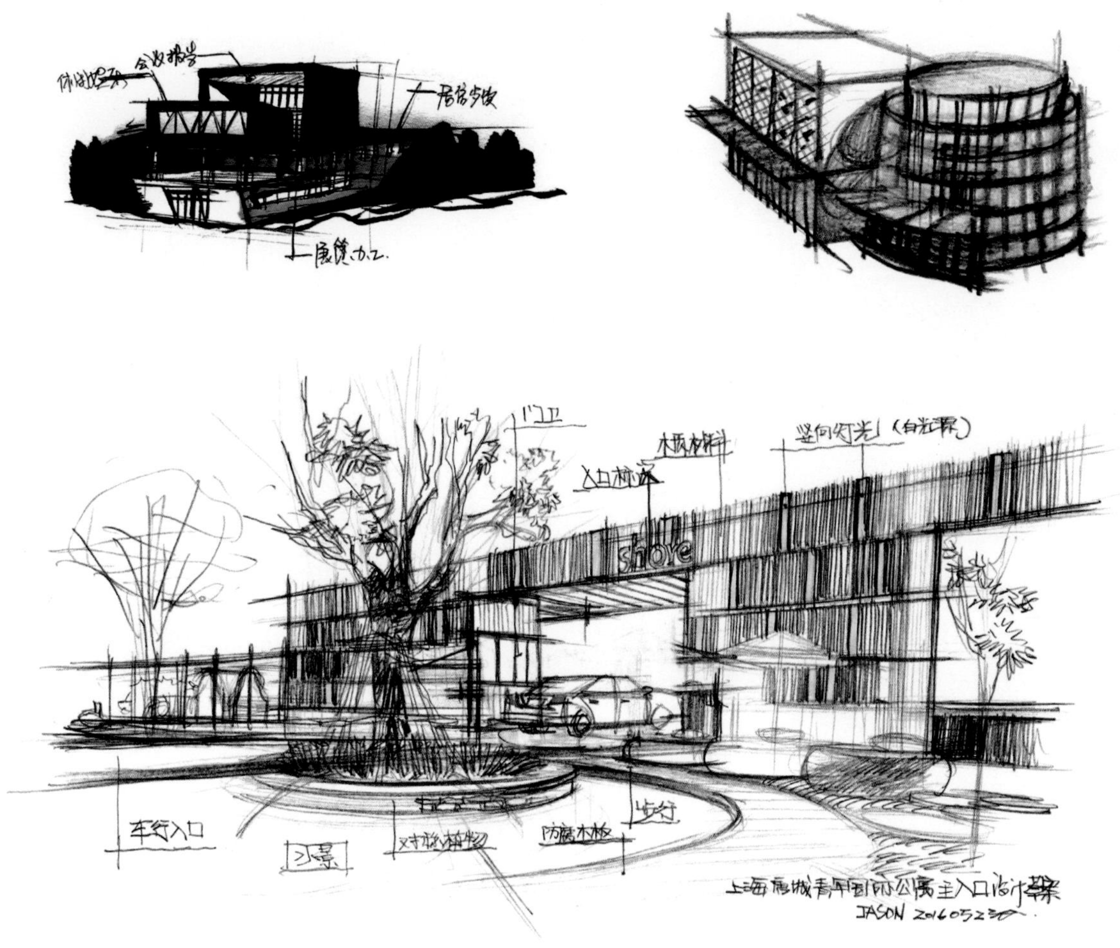

10 分钟手绘草图（上海唐城青年国际公寓主入口草图）
工具：速写本、铅笔、马克笔

10 分钟手绘草图（上海唐城国际社区）
工具：速写本、速写笔、马克笔

15 分钟手绘草图

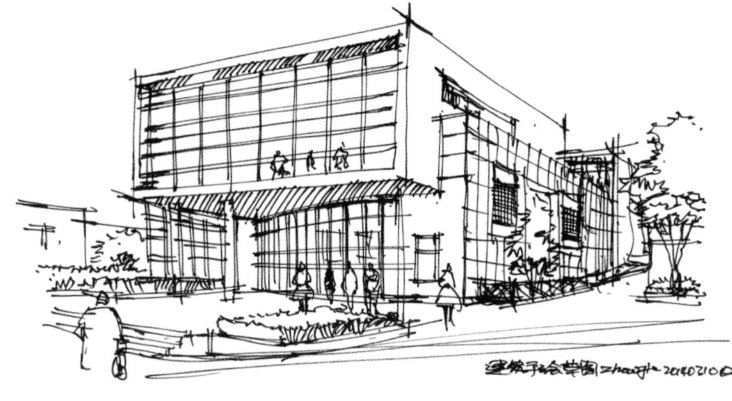

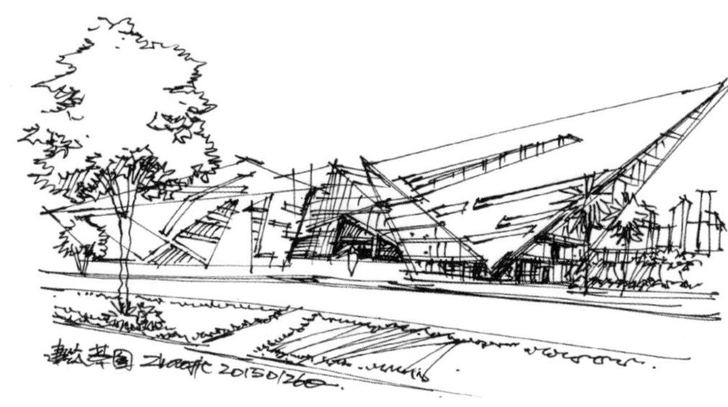

工具：复印纸、速写笔

15 分钟手绘草图

工具：复印纸、速写笔、马克笔

20 分钟手绘草图

20 分钟手绘草图

工具：速写本、速写笔、马克笔、铅笔、电脑辅助

8

设计案例

DESIGN CASE

多业态案例设计，让建筑师更清晰各专业设计的衔接与共生无论是建筑设计，还是规划、室内、景观、服装、珠宝、动漫设计等，一个作品的落地与呈现都需要具备系统专业知识的设计师经历不断思考、解读、创作与研究的过程，这个过程需要不同的技能、技法、电脑辅助来完成，其中最重要的一项创作技能就是手绘。

手绘可以快速记录瞬间想法，辅助推演表达设计构想，前期多以草图、色块并加以文字注解的方式呈现，用以沟通交流说明设计意图。草图多伴以不确定性，因此为了获得更优质的方案，设计师会进行多轮推敲，用手绘呈现完成系统的平面图、立面图、空间设计方案效果，最后用计算机软件辅助精确制图。由此可见，手绘扮演了过程创作的重要角色。

用手绘进行设计创作，快速、直接地表达设计构思，从抽象到概念形态、从二维图形到三维立体空间，多角度推演，有效节约时间，提高设计效率。手绘与设计相辅相成，手绘是设计最直接明了的一种图文艺术表达形式，思维引导表达，表达在某种时刻也拓宽了思维的深度与广度。

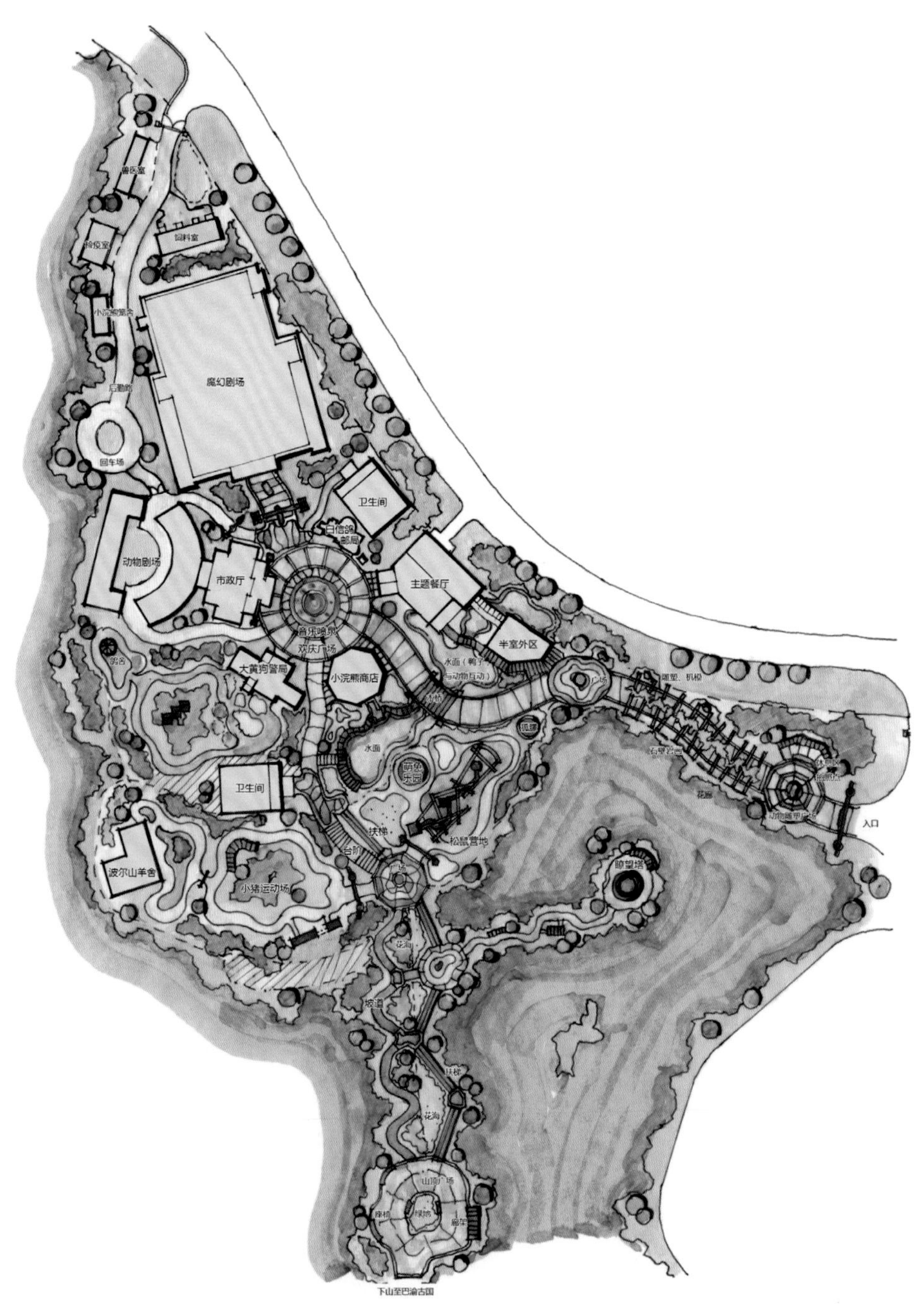

重庆动物区设计方案

工具：草图纸、针管笔、马克笔、电脑辅助

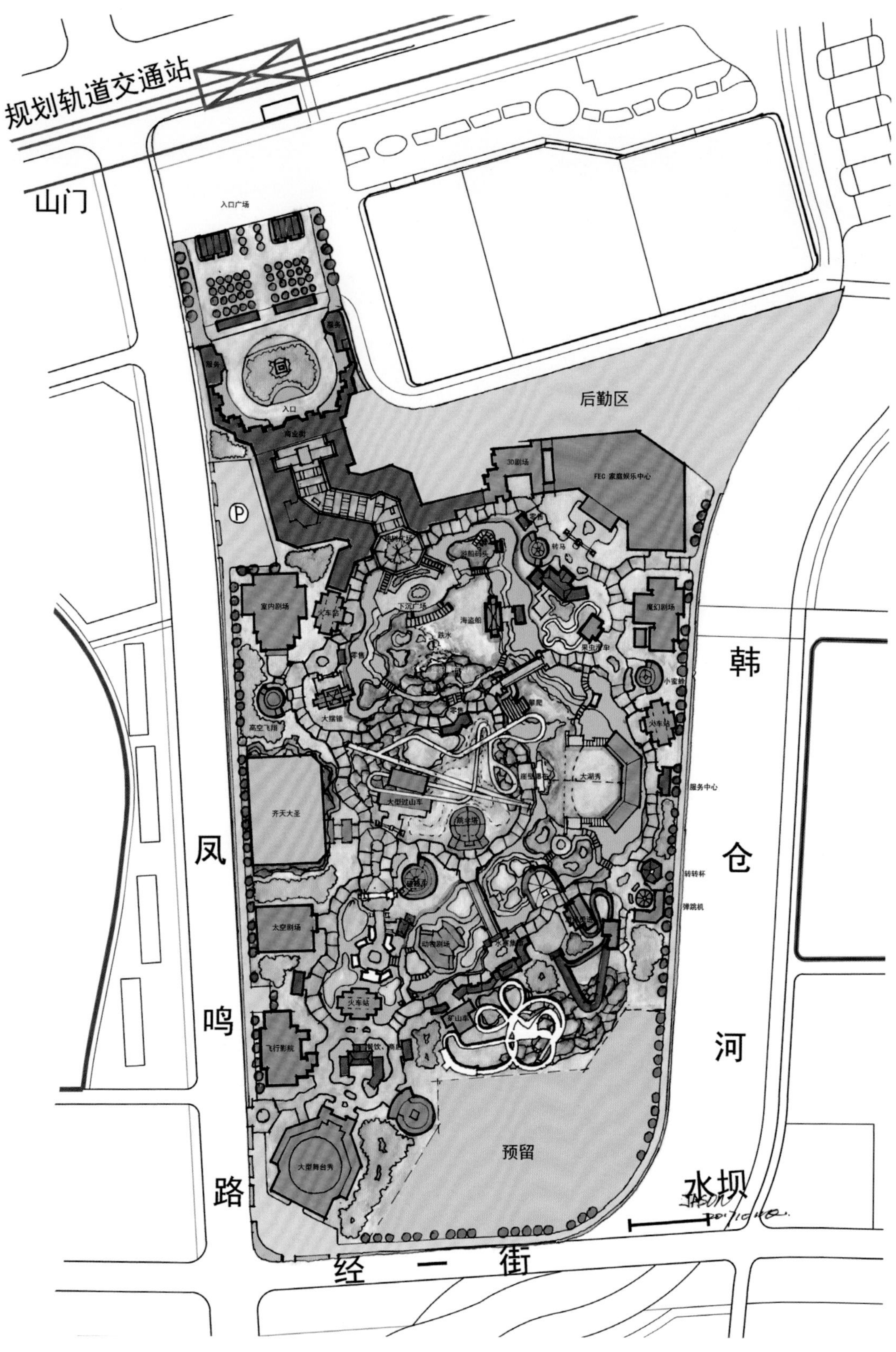

济南文旅城室外主题乐园规划方案总图

工具：草图纸、针管笔、马克笔、电脑辅助

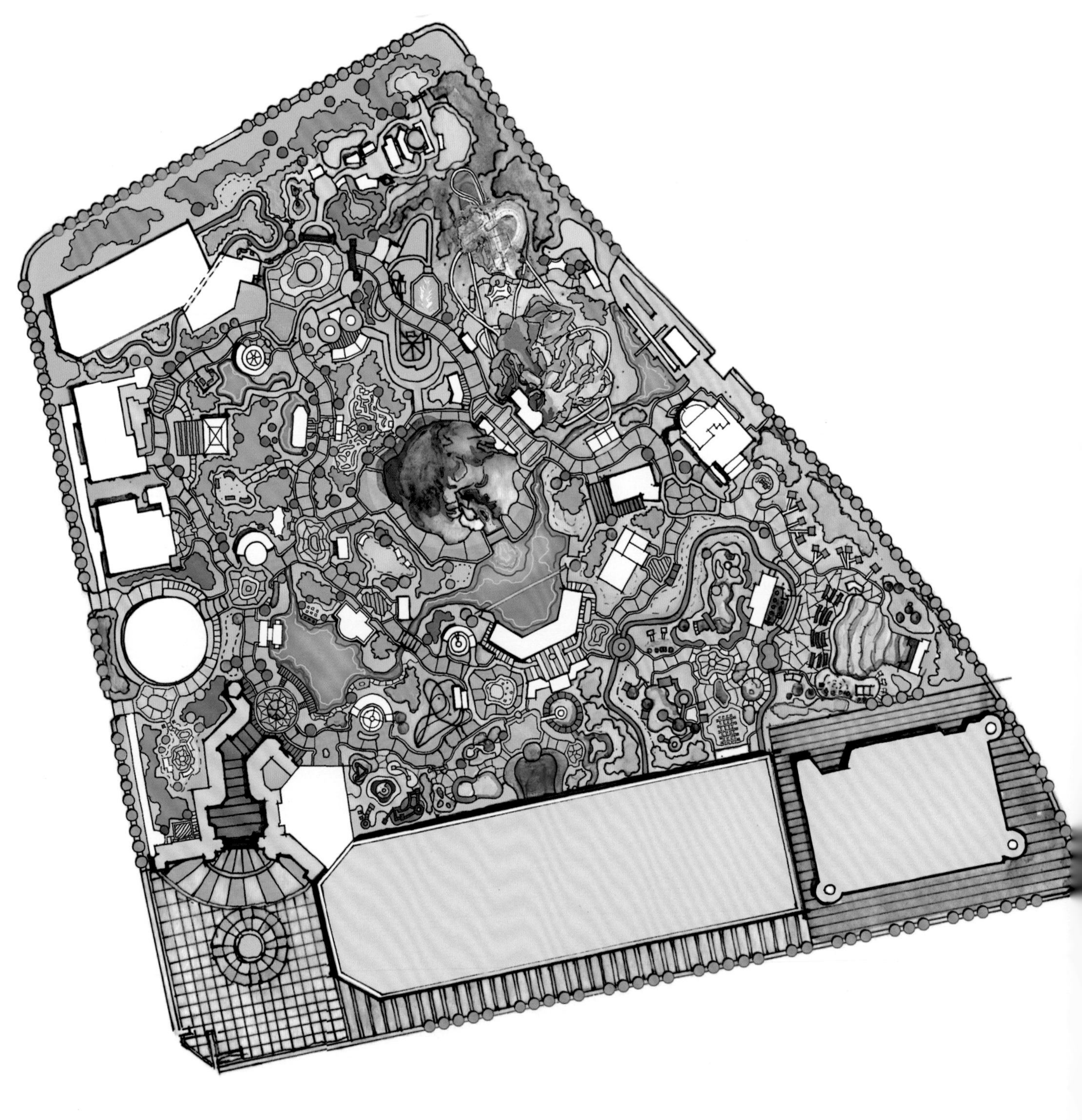

西安室外主题乐园规划方案总图

工具：针管笔、草图纸、马克笔、IPAD PRO 辅助

海南三亚海棠湾主题乐园规划总图

工具：草图纸、针管笔、马克笔、Photoshop 软件辅助

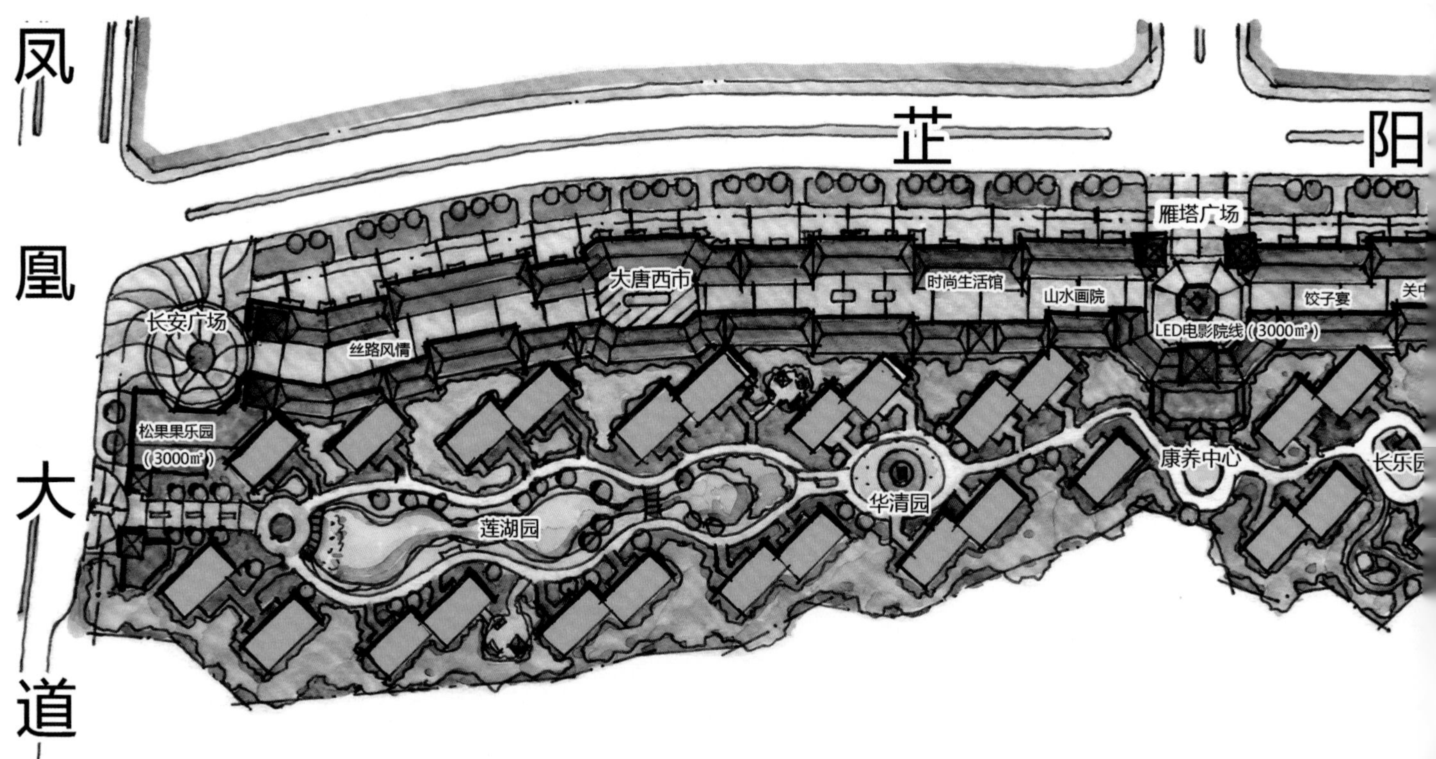

（316亩用地）主要指标和业态配比

用地总经济指标			
序号	指标项目	指标值	单位
	总用地面积	212,090.6	㎡
	总建筑面积	354,605	㎡
	地上建筑面积	269,321	㎡
	地下室面积	85,284	㎡
	基底面积	67,507	㎡
	容积率	1.27	
	建筑密度	32%	
	绿地率	25%	
	总停车位	2,313	个
	大巴	26	个

康养区经济指标			
序号	指标项目	指标值	单位
	总用地面积	71,395.7	㎡
	总建筑面积	136,967	㎡
其中	地上建筑面积	121,883	㎡
	其中住宅	118883	㎡
	会所面积	3000	㎡
	地下室面积	15,084	㎡
	基底面积	17,411	㎡
	容积率	1.71	
	建筑密度	24%	
	绿地率	25%	
	地下停车位	431	个
	总户数	1,585	

小镇区经济指标			
序号	指标项目	指标值	
	总用地面积	76,218.0	㎡
	总建筑面积	116,543	㎡
	地上建筑面积	77,909	㎡
	小镇面积	57276	
	剧院面积	20633	
	地下室面积	34,294	㎡
	剧院地下室面积	4340	㎡
	基底面积	30,688	㎡
	容积率	1.02	
	建筑密度	40%	
	地下停车位	980	个

西安文化旅游小镇规划方案手稿

工具：草图纸、针管笔、马克笔、Photoshop 软件辅助

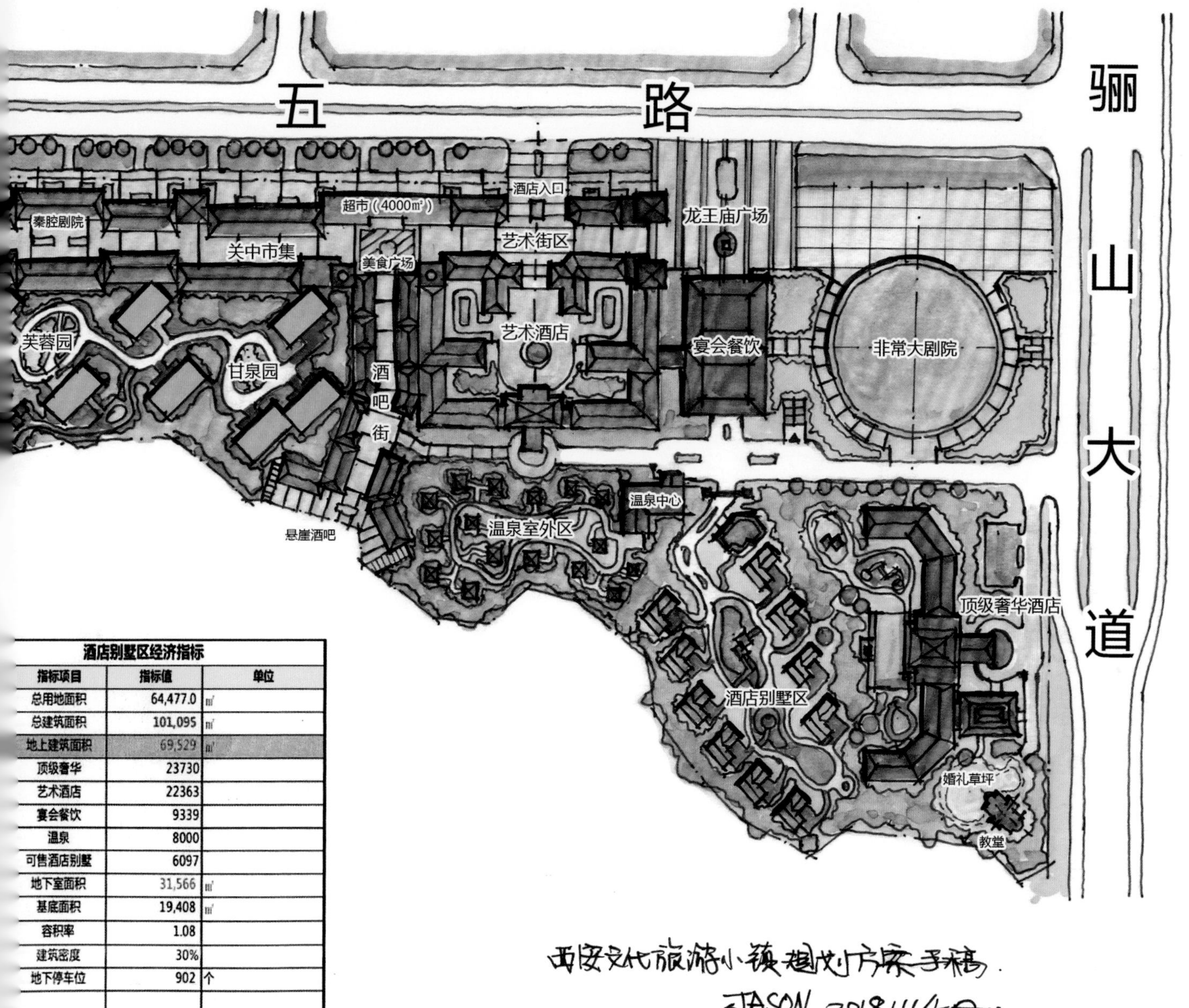

酒店别墅区经济指标		
指标项目	指标值	单位
总用地面积	64,477.0	㎡
总建筑面积	101,095	㎡
地上建筑面积	69,529	㎡
顶级奢华	23730	
艺术酒店	22363	
宴会餐饮	9339	
温泉	8000	
可售酒店别墅	6097	
地下室面积	31,566	㎡
基底面积	19,408	㎡
容积率	1.08	
建筑密度	30%	
地下停车位	902	个

重庆文旅城室外主题乐园规划方案总图

工具：草图纸、针管笔、马克笔、电脑辅助

重庆乐园秀场建筑设计方案二线稿
工具：草图纸、针管笔

重庆乐园秀场建筑设计方案二彩稿
工具：草图纸、针管笔、马克笔、Photoshop 软件辅助

城市广场——竹空间设计方案线稿
工具：复印纸、速写笔

城市广场——竹空间设计方案彩稿
工具：复印纸、速写笔、马克笔

广州主题乐园场景效果设计一
工具：复印纸、速写笔、马克笔、Photoshop 软件辅助

广州主题乐园场景效果设计二
工具：复印纸、速写笔、马克笔、Photoshop 软件辅助

上海体育小镇设计草图一
工具：水彩本、针管笔、固体水彩

上海体育小镇设计草图二
工具：水彩本、针管笔、固体水彩

9

现代建筑手绘表现

建筑手绘表现是建筑师对空间、结构、形态推理的重要手段

MODERN ARCHITECTURE

建筑手绘表现相比于一般手绘草图更加详细深入，是建筑师在创意草图构想的基础上更加细致地推敲设计和了解建筑环境形态的过程。手绘快速表现是建筑师常用来与甲方或同行沟通使用的手段，可深入表达建筑结构形态及周边环境，让其了解建筑的基本功能布局与外形特点，以及外立面的色彩、材料的搭配和使用。

手绘快速表现是设计师表达设计方案最基本的专业“语言”，手绘快速表现的特点一是快速（绘制线稿一般需要 30 分钟左右，着色需要 15 分钟左右），二是形体结构比例相对准确，三是色彩与材料搭配和谐，四是具备一定的细节，主次关系分明。

手绘效果图深入表现（绘制线稿需要 45~60 分钟，着色需要 30~60 分钟），要求形体、比例、结构、透视准确，颜色搭配层次丰富、深入、协调。材料材质深化，主次关系强烈，整体空间感强。

乐高乐园入口

工具：复印纸、速写笔

9.1 酒店商业建筑手绘表现

墨西哥某酒店手绘表现线稿
工具：速写纸、速写笔

墨西哥某酒店手绘表现彩稿
工具：速写纸、速写笔、马克笔

奥地利 Bergresort Werfenweng 酒店表现线稿

工具：速写纸、速写笔

奥地利 Bergresort Werfenweng 酒店表现彩稿

工具：复印纸、马克笔

9.2 文化艺术建筑手绘表现

法国 sedan 文化中心表现彩稿

工具：复印纸、马克笔、修正液

比利时根特未来城市图书馆和新媒体中心手绘表现彩稿

工具：速写纸、速写笔、马克笔、修正液

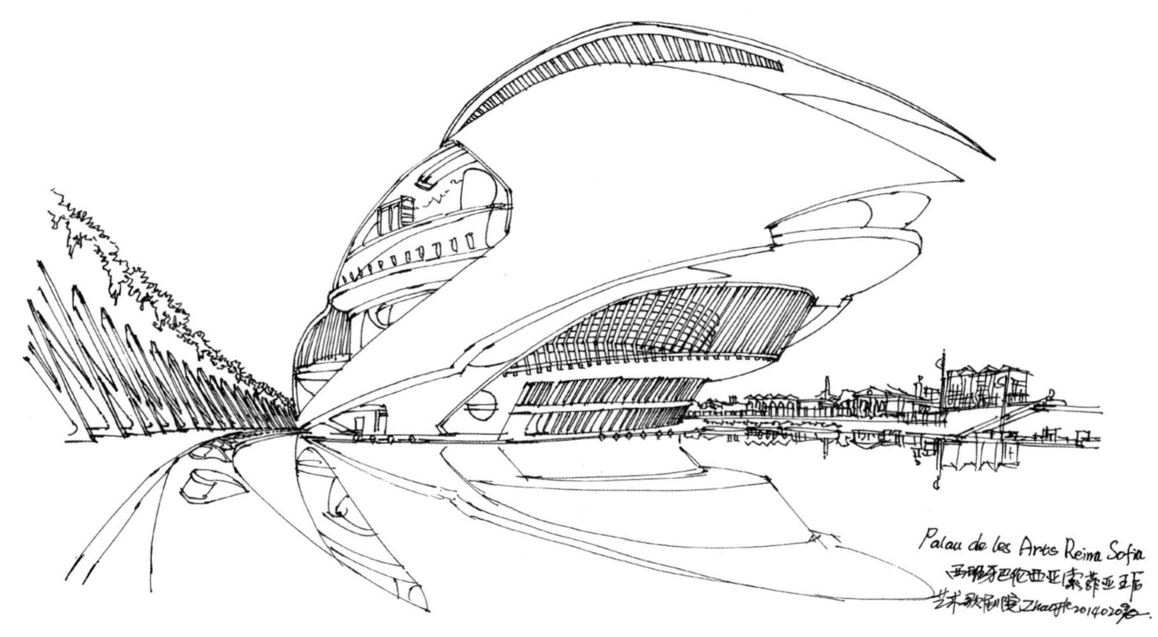

西班牙巴伦西亚索菲亚王后艺术歌剧院手绘表现线稿

工具：速写纸、速写笔

西班牙巴伦西亚索菲亚王后艺术歌剧院手绘表现彩稿

工具：速写纸、速写笔、马克笔、修正液

9.3 医疗体育建筑手绘表现

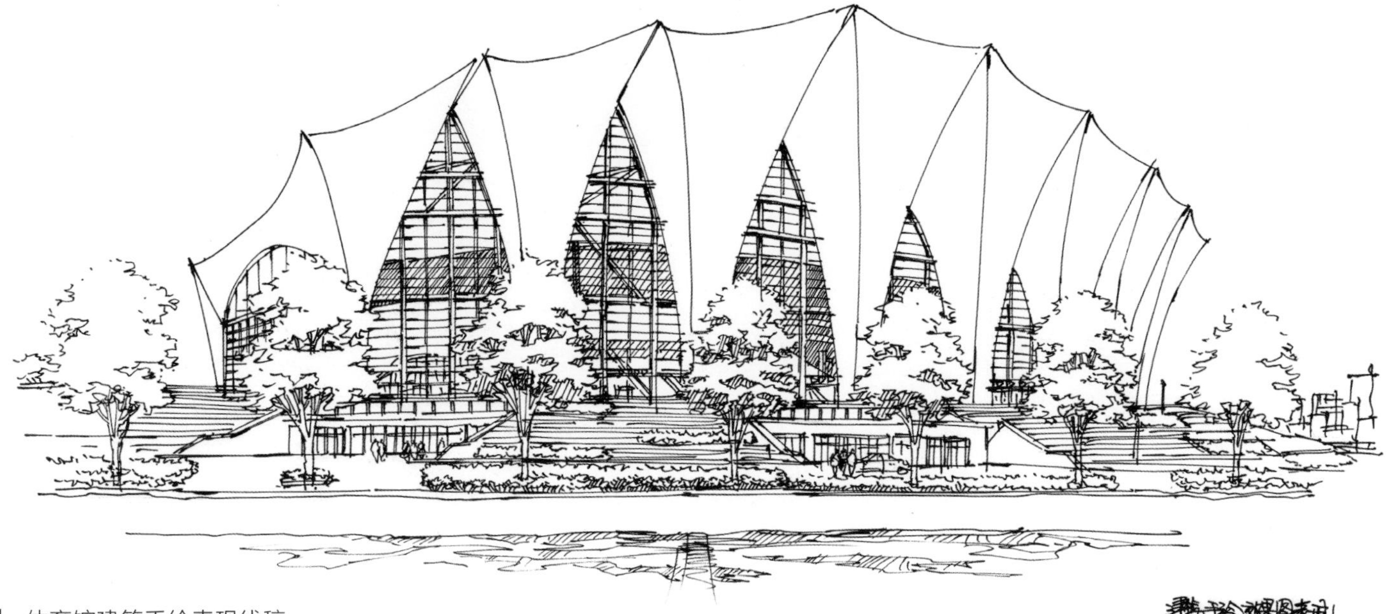

体育馆建筑手绘表现线稿
工具：速写纸、速写笔

体育馆建筑手绘表现彩稿
工具：速写纸、速写笔、马克笔

澳大利亚悉尼迪肯大学社区卫生中心手绘表现线稿

工具：速写纸、速写笔

澳大利亚悉尼迪肯大学社区卫生中心手绘表现彩稿

工具：速写纸、速写笔、马克笔、修正液

加拿大昆特威斯特基督教青年会手绘表现线稿
工具：速写纸、速写笔

加拿大昆特威斯特基督教青年会手绘表现彩稿
工具：复印纸、马克笔

9.4 办公建筑手绘表现

意大利 Vidre Negre 办公大楼手绘表现线稿
工具：速写纸、速写笔

意大利 Vidre Negre 办公大楼手绘表现彩稿
工具：速写纸、速写笔、马克笔

某办公建筑手绘表现线稿

工具：速写纸、速写笔

某办公建筑手绘表现彩稿

工具：速写纸、速写笔、马克笔

9.5 教育科技建筑手绘表现

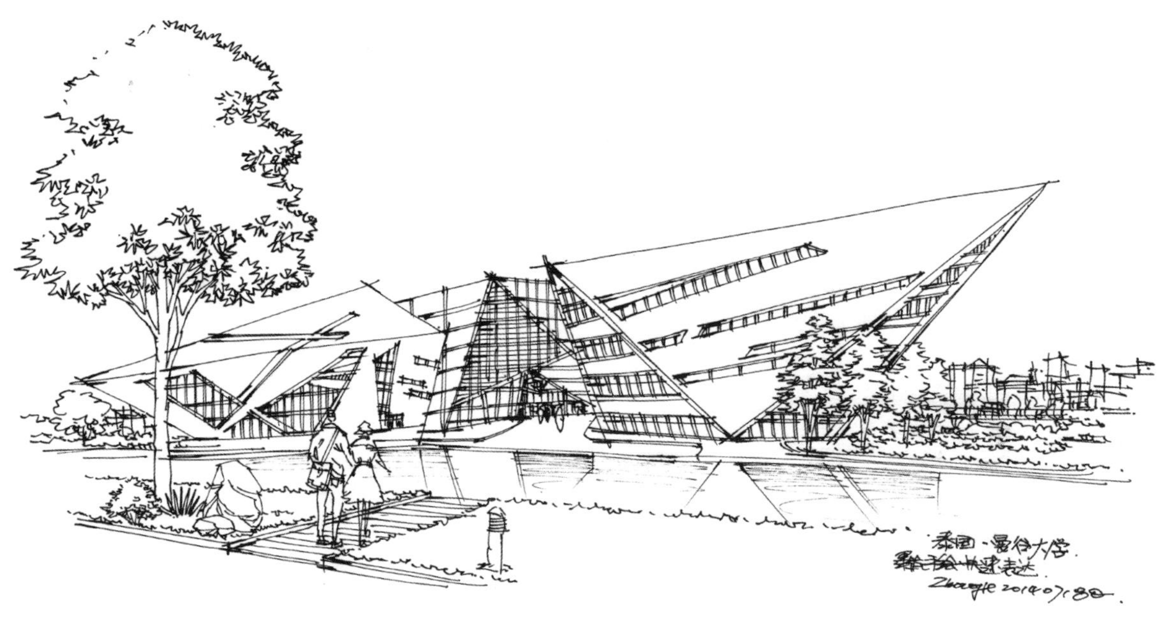

泰国曼谷大学建筑手绘表现线稿

工具：速写纸、速写笔

泰国曼谷大学建筑手绘表现彩稿

工具：速写纸、速写笔、马克笔

某教育科技建筑手绘表现线稿
工具：速写纸、速写笔

某教育科技建筑手绘表现彩稿
工具：复印纸、马克笔、修正液

芬兰 SEINAJOKI 城市图书馆建筑手绘表现线稿

工具：速写纸、速写笔

芬兰 SEINAJOKI 城市图书馆建筑手绘表现彩稿

工具：复印纸、马克笔

10

差旅笔记
国内外建筑写生

写生笔记是记录设计素材的好助手，也是旅途风景的图画记事本

TRAVEL NOTES

10.1 差旅笔记：国内篇

马克笔手绘

上海欧式建筑速写线稿
工具：速写本、速写笔

上海欧式建筑速写彩稿
工具：速写本、速写笔、马克笔

北京雍和宫大街建筑速写线稿

工具：速写本、速写笔

北京雍和宫大街建筑速写彩稿

工具：速写本、速写笔、马克笔

贵州丹寨万达小镇建筑街景速写

工具：铜版纸、马克笔

贵州丹寨万达小镇建筑街景速写
工具：铜版纸、马克笔

水彩手绘

北京协和医院别墅速写线稿

工具：水彩本、针管笔

北京协和医院别墅速写彩稿

工具：水彩本、针管笔、固体水彩

北京协和医院别墅速写线稿
工具：水彩本、针管笔

北京协和医院别墅速写彩稿
工具：水彩本、针管笔、固体水彩

沈阳火车站建筑速写
工具：复印纸、速写笔、固体水彩

上海诺曼底公寓建筑速写——万国储蓄会投资兴建，现名：武康大楼
工具：水彩本、针管笔、固体水彩

海口骑楼老街建筑速写

工具：水彩本、针管笔、固体水彩

海口骑楼老街建筑速写

工具：水彩本、针管笔、固体水彩

古商业街建筑速写

工具：速写纸、速写笔

湖南湘西凤凰古城建筑速写

工具：速写纸、速写笔

上海外滩建筑速写

工具：速写本、速写笔

北京某建筑速写

工具：速写本、速写笔

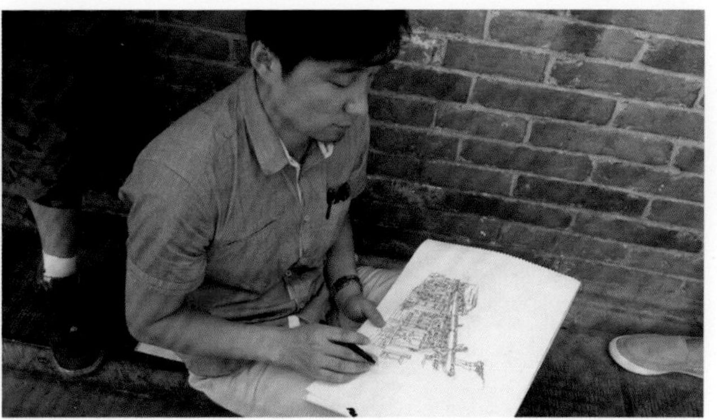

写生地点：北京市西城区地安门外大街鼓楼前
乘车：地铁 6 号线（什刹海站 A2 出口）步行 50 米即到

北京烟袋斜街建筑速写
工具：速写纸、速写笔

四川雅安上里古镇建筑速写

工具：速写本、速写笔

贵州丹寨万达小镇建筑街景速写

工具：针管笔、水彩

10.2 差旅笔记：国外篇

马克笔手绘

丹麦哥本哈根新港区建筑速写线稿
工具：速写纸、速写笔

丹麦哥本哈根新港区建筑速写彩稿
工具：速写纸、速写笔、马克笔

意大利科莫湖 VARENNA 小镇建筑速写
工具：复印纸、马克笔

德国莱茵河吕德斯海姆小镇建筑速写
工具：复印纸、马克笔

意大利罗马古文化街速写
工具：复印纸、速写笔、铜版纸、马克笔

意大利威尼斯叹息桥速写
工具：复印纸、速写笔、铜版纸、马克笔

意大利建筑速写

工具：复印纸、速写笔、水彩纸、固体水彩

意大利利古里亚海港建筑速写

工具：复印纸、速写笔、水彩纸、固体水彩

水彩手绘

西班牙塞戈维亚大教堂速写

工具：复印纸、速写笔、水彩纸、固体水彩

意大利阿马尔菲小镇速写

工具：水彩本、针管笔、水彩笔、固体水彩

捷克布拉格查理大桥入口速写
工具：水彩本、针管笔、水彩本、固体水彩

意大利切法卢海港小镇速写
工具：水彩本、铅笔、水彩笔、固体水彩

意大利威尼斯里亚托桥速写线稿
工具：速写纸、速写笔

意大利威尼斯里亚托桥速写彩稿
工具：速写纸、速写笔、马克笔

意大利小镇建筑速写一

工具：水彩本、针管笔、水彩笔、固体水彩

意大利小镇建筑速写二

工具：水彩本、针管笔、水彩笔、固体水彩

意大利克雷莫纳省送奇诺 SONCINO 小镇速写
工具：水彩本、针管笔、水彩笔、固体水彩

意大利维皮泰诺风情小镇建筑速写
工具：水彩本、针管笔、水彩笔、固体水彩

德国科隆大教堂建筑速写
工具：速写纸、速写笔

英国威斯敏斯特大教堂建筑速写

工具：速写纸、速写笔

欧洲某建筑速写一

工具：速写纸、速写笔

欧洲某建筑速写二

工具：速写纸、速写笔

10.3 差旅笔记：水墨篇

天津南定城楼速写
工具：会议笔、速写本、墨水

北京烟袋斜街建筑速写
工具：速写本、会议笔、墨水

威尼斯圣马可广场速写

工具：速写本、速写笔、水彩笔、墨水

1. 手绘是设计最直接明了的一种艺术图文形式的表达语言。（感悟来源于对新浪微博回复的思考）

2. 设计的基本出发点是大脑的创造性思维，创意灵感的火花是在“想”和“画”的反复肯定和否定中碰撞出来的。如果不会用手画脑子里面存在的抽象形象，就难以变为实际的形式以供交流，更不必说思考它的合理性了。（感悟来源于与天下网校合作的思考）

3. 用手绘传达设计意图，有了设计，手绘便有了生命力。（感悟来源于平时思考）

4. 手绘可分为设计类手绘与绘画类手绘两种。设计类手绘并不需要过多的表现技法，将空间透视、比例、色彩、结构、形体表达清楚即可，当然线条要生动、自然、流畅，如果要做一名手绘表现师，可向绘画类手绘过渡发展，在项目时间允许的情况下，可以运用多样的表现形式与技法，充分表达物体材质、光线（灯光与阳光），更多运用艺术的手法充分表达设计，或形成自己的设计表现风格。（感悟来源于学员的提问）

5. 电脑是手绘的“秘书”。（感悟来源于手绘大赛论坛）

6. 很多时候手绘也表达不清楚的则需要动手去做比较直观的模型。（感悟来源于建筑师盖里的设计作品）

7. 速写是记录设计素材的好助手，也是记录旅途心情的图画好方法。（设计出差感悟）

8. 视觉引导思想，手绘表达思想，手绘推敲设计，设计水到渠成。

9. 手绘重点：构图合理，形体比例协调，空间透视准确，前后主次细节清晰，线条放松流畅，清晰表达设计意图。

10. 越努力就越好，越好就越努力，就越好；

    不努力就不好，不好就不努力，就不好。

11. 手绘构思——让我们选择最美丽的境界；

    手绘创意——让我们捍卫最原创的底线；

    手绘设计——让我们推动最具价值的理念。

12. 手绘理念：轻松手绘，快乐设计！

后记

手绘是我在设计工作中很重要的辅助工具。在设计过程中，手绘能很好地帮我厘清设计思路、传达设计构思，并最终完成设计作品，是我工作中的好助手。近几年来，除了工作之外，我也经常用手绘描绘我生活中的场景，甚至用手绘描绘我头脑中想象的事物。我还会进行生活、旅行中的即时写生创作，把所见所闻、好的设计素材、突发奇想用图文结合的方式记录下来，以备设计工作的累积。另外也用手绘创作生活中的小插曲，例如制作装饰画的画心、书签、贺卡、台历、陈列等衍生品。我个人认为，手绘不仅可为设计所用，也是一种艺术形式。手绘给我的生活带来了无限的乐趣。

EMAD
专业设计手绘培训
WWW.EM369.COM

FINECOLOUR. 法卡勒马克笔色卡（建筑版）

260		1		168		241	
262		2		165		244	
264		246		149		100	
265		247		215		23	
269		7		137		30	
271		9		125		233	
272		220		209		56	
273		219		239		57	
112		158		240		84	

姓名：

注：空白处可根据个人喜好填充颜色

EMAD
专业设计手绘培训
WWW.EM369.COM

FINECOLOUR. 法卡勒马克笔色卡（室内版）

260		1		163		23	
262		2		165		30	
264		246		149		56	
265		247		215		84	
269		7		137		112	
271		220		207		100	
272		219		199		239	
273		158		209		240	
274		168		125		244	

姓名：

注：空白处可根据个人喜好填充颜色

注：色卡颜色印刷略有偏差，请以原厂马克笔实际颜色为主

图书在版编目（C I P）数据

建筑设计手绘技法 / 赵杰著 . — 武汉 : 华中科技大学出版社 , 2022.9

ISBN 978-7-5680-8182-5

Ⅰ . ①建… Ⅱ . ①赵… Ⅲ . ①建筑设计 - 绘画技法 Ⅳ . ① TU204.11

中国版本图书馆 CIP 数据核字 (2022) 第 111027 号

建筑设计手绘技法 赵杰 著

策划编辑：彭霞霞
责任编辑：彭霞霞
装帧设计：金　金
责任监印：朱　玢
出版发行：华中科技大学出版社（中国 • 武汉）　电　话：（027）81321913
武汉市东湖新技术开发区华工科技园　邮　编：430223
录　排：天津清格印象文化传播有限公司
印　刷：武汉精一佳印刷有限公司
开　本：889mm × 1194mm 1/16
印　张：15
字　数：144 千字
版　次：2022 年 9 月第 1 版第 1 次印刷
定　价：98.00 元

华中出版